中西面点专业课程改革成果教材

# 中式点心

主　编　厉志光

副主编　毛佳儿

中国教育出版传媒集团

高等教育出版社·北京

内容简介

　　本书是中西面点专业课程改革成果教材，在 2012 年出版的《中西点心》（上册）（第二版）的基础上重新编写而成。

　　本书从基础理论和实践操作两部分进行阐述，包括 6 个项目，具体为走进中点室、水调面团、膨松面团、油酥面团、米及米粉制品、各地主要名点。全书图文并茂，典型产品实例配有微课视频进行操作演示，实用性强。

　　本书配有学习卡资源，请按照书后"郑重声明"页的提示，登录我社 Abook 新形态教材网获取相关资源。

　　本书可作为烹饪类专业中职和五年制高职教材，也可作为中式点心从业人员和中式点心爱好者的参考用书。

**图书在版编目（CIP）数据**

　中式点心 / 厉志光主编. -- 北京：高等教育出版社，2023.7
　ISBN 978-7-04-059624-3

　Ⅰ.①中… Ⅱ.①厉… Ⅲ.①糕点－制作－中国－中等专业学校－教材　Ⅳ.①TS213.2

　中国国家版本馆CIP数据核字（2023）第007464号

Zhongshi Dianxin

| 策划编辑 | 苏　杨 | 责任编辑 | 苏　杨 | 特约编辑 | 田佳音 | | 封面设计 | 王　琰 |
| 版式设计 | 徐艳妮 | 责任绘图 | 李沛蓉 | 责任校对 | 刘俊艳　刘丽娴 | 责任印制 | 高　峰 |

| | | | |
|---|---|---|---|
| 出版发行 | 高等教育出版社 | 网　　址 | http://www.hep.edu.cn |
| 社　　址 | 北京市西城区德外大街 4 号 | | http://www.hep.com.cn |
| 邮政编码 | 100120 | 网上订购 | http://www.hepmall.com.cn |
| 印　　刷 | 天津市银博印刷集团有限公司 | | http://www.hepmall.com |
| 开　　本 | 889mm×1194mm　1/16 | | http://www.hepmall.cn |
| 印　　张 | 12.5 | | |
| 字　　数 | 240千字 | 版　　次 | 2023 年 7 月第 1 版 |
| 购书热线 | 010-58581118 | 印　　次 | 2023 年 7 月第 1 次印刷 |
| 咨询电话 | 400-810-0598 | 定　　价 | 42.80元 |

# 前言

　　职业教育教学改革的核心是课程改革，而课程改革的核心就是教材改革。为了更好地适应职业教育教学改革和餐饮业发展的需要，贯彻中等职业教育中西面点专业的教学改革思想，满足经济社会发展对技术技能人才的需求，满足不同学校在人才培养与课程教学中的需求，实现与行业的有机联系以及与中职教学的无缝对接，本套书基于2012年版《中西点心》（第二版）的内容，重新编写并增加了配套数字化教学资源。

　　本套书分为《中式点心》和《西式点心》两册，在总体设计理念上，以《国家职业教育改革实施方案》文件精神为指导，以中西面点工艺的基本原理为基础，以中式面点师和西式面点师国家职业技能等级标准四级、三级要求为标准，在保留《中西点心》内容精华和特色的基础上，以"理论系统讲透、技能基本功练够、理实一体化教学、产教融合训练同步"为原则，以项目导向、任务驱动、学做一体的教学模式对教材内容进行重新整合，强调教材内容体系与面点师实际岗位工作内容相结合，注重工艺理论阐述紧密围绕实际操作，强调知识学习与职业素养养成相融通，突出工艺与实训的有机结合。本套书结合思政课程建设，强调立德树人，强化职业素养的培育，设立学习的终极目标和过程目标，培养学生良好的工匠精神、劳动精神，引导学生在学习过程中树立社会主义核心价值观及正确的从业意识，形成良好的职业道德。同时，本套书还配套立体化教学资源，一方面通过插入书中的二维码将操作演示微课视频融入教材中，提高读者学习效果和分析与解决实际问题的能力；另一方面提供了教学设计、教学课件等助教助学资源。

　　《中式点心》遵循学生的学习规律，以循序渐进的方式讲授中式面点知识与技能，体现以下特色：

　　1. 紧跟时代，知行合一。本书内容设计注重培养爱岗敬业的职业精神、精益求精的工匠精神、协作共进的团队精神、追求卓越的创新精神，培养不怕脏、不怕苦、不怕累的劳动精神，培养自主、自发的学习精神，以及珍惜粮食、避免浪费的勤俭精神。引导学生做好垃圾分类，向往美好工作岗位，激发实现青春梦想的情怀，助力学生提升职业素养、提高职业能力、实现职业规划。

2. 巧设模块，理实结合。本书通过创设中式点心制作典型工作情境，以中式点心制作任务为驱动，强调理论与实践相结合，采取项目－任务的编写体例，以项目划分教学内容，以工作任务为中心，以典型中式点心产品为载体。在编写过程中着重突出中式点心基础知识、中式点心制作工艺和职业能力测评三方面的结合。

3. 技术先进，实例新颖。本书内容覆盖面较广，包括各类面团的常见产品制作。注重与当前餐饮行业接轨，介绍和剖析经典中式点心作品和当前行业流行作品、大赛作品，及时吸纳行业中出现的新设备、新工艺、新技术，充分体现内容的先进性和创新性。

4. 信息技术，巧妙融合。本书利用信息技术改进传统中式点心制作课程教学模式。通过高清图片和微课视频，帮助学生理解学习内容，引导学生开展自主学习和交流活动，符合学生学习认知规律，适用性、实用性强。

本书是作者根据多年的教学实践和科研成果编写而成的，力求吸纳当前烘焙行业中出现的新设备、新工艺、新技术、新原料，使教材更具科学性、系统性和可操作性。本课程建议安排 224 课时，具体安排如下表所示，各校可根据当地教学实际灵活安排。

| 项目 | 教学内容 | 建议学时 |
|---|---|---|
| 一 | 走进中点室 | 34 |
| 二 | 水调面团 | 33 |
| 三 | 膨松面团 | 54 |
| 四 | 油酥面团 | 40 |
| 五 | 米及米粉制品 | 33 |
| 六 | 各地主要名点 | 30 |
| 合计 | | 224 |

本书由浙江省特级教师、杭州市西湖职业高级中学正高级讲师厉志光任主编，负责统稿工作；由全国技术能手毛佳儿任副主编，参与编写并出镜演示制作工艺；高级技术顾问、国家级点心鉴评师沈军参与编写及审稿；杭州市西湖职业高级中学张彪负责全书产品实例的拍摄工作。

本书编写过程中得到了杭州市教育科学研究院职业教育研究室、杭州市西湖职业高级中学，以及浙江省餐饮行业协会、杭州之江饭店、杭州望湖宾馆、杭州知味观·味庄、杭州酒家、杭州新新饭店等众多专家的支持与帮助，特别是得到杭州市西湖职业高级中学张德成校长等的大力支持，在此表示衷心的感谢！

由于编写时间仓促，水平有限，书中存在疏漏之处在所难免，敬请广大读者不吝赐教，以便修订，使教材日臻完善。读者意见反馈邮箱：zz_dzyj@pub.hep.cn。

编　者

2022 年 8 月

# 目录

# 项目一
# 走进中点室

···· 项目介绍

　　此项目为教材开篇，对中式点心进行总体介绍，包括中式点心的内涵、流派及各种类型的特色点心。

···· 学习目标

**终极目标**

　　掌握中式点心的基础理论知识，了解中式点心的历史、现状、发展趋势及流派划分。

**过程目标**

　　掌握中式点心帮式及厨房组织。

　　养成良好的操作习惯。

　　培养勤学苦练、吃苦耐劳的精神。

# 认识中式点心

≈ 主题知识 ≈

## 一、中式点心概述

俗话说南米北面，即南方人爱吃米，北方人爱吃面。这表现在北方人习惯用"面食"，而南方人习惯用"点心"一词。

点心，即正餐以外的小分量食品。点心以面粉、米粉和杂粮粉等为主料，以鱼、虾、畜禽肉、蛋、乳、蔬菜、果品等为辅料，在饮食形式上多种多样，如糕、团、酥、包、饺、面、粉、粥、粽、饼等，具有一定的色、香、味、形、质，广受人们的喜爱。

## 二、中式点心的分类

中式点心的分类方法较多，基本分类方法有如下六种：

**（一）按原料分类**

可分为麦类制品、米类制品、杂粮类制品，如叉烧包、元宵、窝窝头等。

**（二）按制品形态分类**

可分为饭、羹、糕、团、饼、条、包、饺等。

**（三）按馅心口味分类**

可分为甜味、咸味、咸甜味制品。

**（四）按制馅原料分类**

可分为荤馅、素馅、荤素馅。

**（五）按熟制方式分类**

可分为蒸、煮、煎、炸、烤、烙以及复合熟制品等。

**（六）按地方特色分类**

可分为京式、苏式、广式三大地方特色制品。

## 三、中式点心制作的历史

我国面点出现很早，面点制作也有悠久的历史。邱庞同先生著的《中国面点史》指出，"中国面点的萌芽时期在 6 000 年前左右""中国的小麦粉及面食技术出现在战国时期""而中国早期面点形成的时间，大约是商周时期"。

## （一）中式点心的起源

现存的资料证实，我国将稻米作为主要食物并加以保藏，以供长期食用的历史可追溯到 6 000～7 000 年以前。以稻米、小麦为主要粮食，为点心的出现奠定了物质基础。西周时期的《周礼》中就有"羞笾之实，糗饵粉餈"的记载，尽管是简单的加工，但已具有点心的雏形。

## （二）中式点心的形成

春秋战国时期，农业生产有了新的发展，点心制作随着原料、烹饪器具的增多，制作工艺也有了相应的提高。爱国诗人屈原在《楚辞》中所说的"粔籹蜜饵，有餦餭些"，粔籹和餦餭就是后来的麻花和馓子。秦汉统一政权的建立，使各地饮食上的差异很快地得到沟通。西汉时期南北往来的进一步加强，也为点心制作提供了更多的原料。东汉初期佛教传入，素食点心随之发展。据史书记载，汉代已有发酵面，胡饼（麻饼）、蒸饼（馒头）、汤饼等食品。重阳糕始见于晋人葛洪的《西京杂记》，以后每当重阳节"黍秫并收"之时，民间"以黏米加味尝新"以庆丰收。南北朝时已有带馅点心工艺"馅谕法"的记载，《齐民要术》中还详细记述了点心的成分和制法。

## （三）中式点心的发展

唐宋时期，开始使用烤炉和"饼鏊"（平底锅）等工具。点心的制作也由一般的小吃制作发展到精细点心生产，从小型的现做现卖发展到具有一定规模的作坊式生产。专业性糕点作坊生产开始形成，面坯调制种类增多，水调面应用广泛，出现兑碱酵子发面，油酥面已趋成熟，南方米粉面也很盛行。馅心品种丰富多彩，动植物原料均可用于制馅，甜咸酸口味均有。至此，一套较全面的点心制作技术和较丰富的品种制作规模已基本形成。白居易有诗云："胡麻饼样学京都，面脆油香新出炉。"元稹的诗云："彩缕碧筠粽，香粳白玉团。"宋代的《东京梦华录》《梦粱录》《都城纪胜》《武林旧事》等古籍中，记载当时的糕类有蜜糕、乳糕、重阳糕等；饼类有月饼、春饼、乳饼、千层饼、芙蓉饼等；糕饼的馅料有枣泥、豆沙、蜜饯等数十种之多。

## （四）中式点心的兴盛

元、明、清时期除继承和发展了唐、宋的饼技外，尚有少数民族糕点流入中原。元代的《饮膳正要》第一次阐述营养知识。明清时期，我国点心制作工艺已达到相当高的水平，出现了以点心为主的筵席。明戚继光抗倭时，将粒饼作为军用干粮。到了清代，点心作坊已遍及城乡，点心制作工艺已发展到近代水平。传说清代嘉庆年间光禄寺（皇室举办宴会的部门）做一桌点心筵席，用面量达 60 kg，可见品种之繁多。鸦片战争后，西式食品和西式食品工业技术大量传入我国，扩大了食品市场。这个时期，中式点心的重要品种已大体定型，各个面点风味流派已基本形成。面团调制比较讲究，成形技术多样，馅心制作变化多端，成熟方法多种并用，点心制品更加精美，已达到"登峰造极"的地步。

## 四、中式点心制作的现状

中华人民共和国成立后，点心制作有了更大的发展和提高。机械化、自动化的发展，大大减轻了点心制作工人的劳动强度，极大地提高了生产力。通信的快捷、交通的便利，使各地的生产技术和特色产品得到广泛交流，南北食品的交流，大大丰富了南北点心市场的品种。

在点心品种创新上，出现了大量的中西风味结合、南北风味结合、古今风味结合及许多胜似工艺品的精致的高级点心。

在供应方式上，从肩挑零担、沿街叫卖的早点，到具有一定规模的点心店及大型的糕点制作工厂，所属的供应网络一应俱全。点心已成为大中型饭店、酒席筵宴上必备的食品，成为千家万户生活中的必需品。

## 五、中式点心制作的发展趋势

中餐烹饪是"以味为核心，以养为目的"，中式点心仍应坚持这个方向，"快捷、科学、营养、卫生、经济"是时代对点心制作的要求。要努力使点心工艺科学化，即定量化、程序化、规范化，只有这样才能为传承传统的点心艺术成就，为手工工艺转化为大批量生产工艺创造条件。中式点心还应面向世界，用高超的制作技艺为全世界人民服务。

**（一）借鉴国外经验，发展中点快餐**

随着中外交流日益频繁，借鉴西式快餐的成功经验发展中式面点快餐已成为必然趋势。

**（二）设备现代化、生产批量化**

随着生活节奏的加快、竞争的加剧，人们的饮食习惯发生了很大变化。因此，点心制作必须改变过去手工操作的生产方式，改用机械化生产，而且要批量化，才能满足人们对面点快餐日益增长的需求。

**（三）加强科技开发、传承创新**

继承优秀的面点遗产，挖掘、整理前人的面点制作方法，并在此基础上进行创新，以适应时代的需要，创制出特色品种、拳头产品。

1. 改革传统配方及工艺

我国许多点心品种的营养成分过于单一，有的还含有较多的脂肪和糖，因此，必须改革传统配方，从低热、低脂、多膳食纤维、多维生素、多矿物质入手，创制适合现代人需要的营养平衡的点心品种。同时，对工艺制作过程加以改革，如原料选择、成形工艺等。

2. 原料新品种的开发

一是利用未被开发的原料制作点心新品种；二是利用新出现的可食性原料，通过替换特性相似的原料，制作相似的品种。

**（四）开发功能性面点和药膳面点**

目前，由于空气和水源等污染加剧，各种恶性疾病的发病率逐渐上升，开发功能性面点和药膳面点，已成为面点发展的新趋势。

**（五）与菜点结合，改革筵席结构**

目前面点在筵席中所占的比例小，形式单调，因此，要通过与菜点结合的方式改革筵席结构。

# 六、中式点心的帮式与特点

我国的面点制作在原料选择、口味、制作技艺等方面形成了不同风格和流派，根据地理位置、地理环境和饮食文化的不同，分为"南味""北味"两大风味，具体又包括"京式""苏式""广式"三大流派。

**（一）京式点心及其特色**

京式点心泛指黄河以北的大部分地区（包括山东、华北、东北等）制作的点心，以北京为代表，故称京式点心。其特色有以下四点：

1. 用料广、以麦面为主

京式点心用料广，主料有麦、米、豆、粟、蛋、果、蔬等。经常使用的豆类有黄豆、绿豆、赤豆、豌豆等。加上配料、调料，其用料有上百种之多。由于北方盛产小麦，因而用料以小麦粉居于首位。

2. 品种繁多

京式点心品种众多，如北方的"四大面食"——抻面、刀削面、小刀面、拨鱼面；再如风味齐全的北京小吃，主要有扒糕、炸糕、凉糕、蜂糕、面条、麻花、元宵、包子、馅饼、馄饨、烧饼、窝窝头等，集中表现了北京地区在饮食文化方面的传统形态和传统习惯。一般来说，京式点心选料精良，注重鲜香味美，季节性强，色彩鲜明，以咸味为多，兼有甜、酸、辣、五香、芝麻等味料。即使是甜味的各类烧饼也是清淡可口，油而不腻。

京式点心的典型品种：如北京都一处的烧卖、天津的"狗不理"包子、茶食等，都各具特色，驰名中外。尤其是茶食，通常现做现卖，让人看得见，闻着香，有新鲜感。

3. 制作精细

京式点心之所以风味突出，是由于面食制品制作精湛，同时又有其独到之处。如暄腾软和、色白味香的银丝卷，其制作需经过和面、发酵、揉面、溜条、抻条、包卷、蒸熟 7 道工序，面点师必须具有熟练的抻面技术，面团需经过连续 9 次抻条，抻出 512 根为一窝丝的细面丝，且要粗细均匀、不断不乱、互不粘连，然后在此基础上制作成银丝卷。又如千层糕，一小块约 7 cm 厚的千层糕，竟有 81 层之多。

4. 馅心独具北方风味

京式点心馅心注重咸鲜口味，肉馅多用水打馅心，并常用葱、姜、黄酱、香油为调料，形成北方地区的独特风味。如天津的狗不理包子，就是加放骨头汤，放入葱末、香油搅拌均匀成馅，使其口味醇香，鲜嫩适口，肥而不腻。

**（二）苏式点心及其特色**

苏式点心系指长江中下游苏、浙、沪一带制作的点心，起源于扬州、苏州，发展于苏州、上海等地，因以江苏为代表，故称苏式点心。在我国面点史上，苏式点心占有相当重要的地位。其特色有以下三点：

1. 品种繁多

苏式点心就风味而言，包括苏扬风味、淮扬风味、宁沪风味、浙江风味等。

以扬州风味为例，有 500 多个典型品种，其中发酵面团就约有 100 种，水调面团 100 种左右，米粉面团 100 种左右，油酥面团 80 种左右，蛋粉面团 60 种左右，杂色面团 80 多种。

由于物产丰富，原料充足，加上面点师的高超技巧，同一种面团可制作出不同造型、不同色彩、不同口味的面点，使品种更加丰富。如扬州面点中包子的造型有形似玉珠的玉珠包子，形象逼真的石榴包子、佛手包子、寿桃包子等。包子色彩丰富，如寿桃包子，桃身青黄色，桃尖淡红色，桃叶淡绿色，使寿桃惟妙惟肖；口味多样，如三丁包子咸中带甜、甜中有脆、油而不腻，蟹黄包子则是味浓多卤、鲜美异常。

苏式点心的典型品种：如三丁包子、翡翠烧卖、船点等。

2. 制作精细、讲究造型

船点是苏式点心中出类拔萃的品种，相传发源于苏州、无锡水乡的游船画舫上，经过揉粉、着色、成形及成熟，制成各种花卉、飞禽、灵兽、水果、蔬菜等形状，制作精巧，形象逼真。苏式点心中的扬州点心，其外形玲珑剔透、栩栩如生，正如美食家袁枚在《随园食单》中所说："奇形诡状，五色纷披，食之皆甘，令人应接不暇。"扬州面点制品多姿多态，其中花卉状有菊花、荷花、梅花、兰花、月季花等，动物状有刺猬、玉兔、白猪、孔雀等，水果状有石榴、桃、柿子、海棠、葡萄等，蔬菜状有青椒、茄子、萝卜、大蒜等。再如百鸟朝凤、熊猫戏竹、枯木逢春、红桥相会等面点，更是形意俱佳，使人回味无穷。

3. 馅心掺冻、汁多肥嫩、味道鲜美

肉馅多掺鲜美皮冻，卤多味美，如江苏汤包，每 500 g 馅心掺冻 300 g 之多。熟制后，汤多而肥厚，食用时先咬破外皮吸食汤汁，味道特别鲜美。

## （三）广式点心及其特色

广式点心是指珠江流域及南部沿海地区的点心，因以广东为代表，故称广式点心。广式点心富有南国风味，自成一格，发展较快。其特点有以下五点：

**1. 品种丰富多彩**

广东地域辽阔，有山区、有平川、有海岛、有内陆，人们的生活习惯又各不相同，故取材于当地的小吃也各具特色，品种丰富。广式点心的皮有4大类、23种，馅有3大类、47种之多，能制作各式点心2 000多种。

广式点心的典型品种有沙琪玛、娥姐粉果、九江煎堆、炒肠粉、叉烧包、蟹虾饺、千层酥等。

**2. 季节性强**

广式点心的品种依据春夏秋冬四季而变化，要求是夏秋宜清淡，春季浓淡适宜，冬季宜浓郁。

春季供应人们喜爱的浓淡相宜的礼云子粉果、银芽煎薄饼、玫瑰云霄果等；夏季应市的是生磨马蹄糕、陈皮鸭水饭等；秋季是蟹黄灌汤饺、荔浦秋芋角等；冬季则主要供应滋补御寒食品，如腊肠糯米饺、八宝甜糯饭等。

**3. 擅长米及米粉制品**

广式点心中的米及米粉制品除糕、粽外，还有煎堆、米花、白饼、粉果、炒米粉等外地罕见品种。

**4. 使用油、糖、蛋较多**

如广式点心的典型品种马蹄糕，糖的使用量为主料马蹄（荸荠）的70%。

**5. 馅心用料广，口味清淡**

广东物产丰富，五谷丰登，六畜兴旺，蔬果不断。正如屈大均在《广东新语》中所说："天下所有之食货，东粤几近有之；东粤之所有食货，天下未必尽有之。"原料广泛给馅心提供了丰富的物质基础。广式点心馅心用料包括畜禽肉类、水产、杂粮、蔬菜、水果、果仁等，如叉烧馅心，为广式点心所独有，除具有独特风味外，制馅方法也别具一格，即用面捞芡拌和法。口味清淡是由于广东的自然气候、地理环境、风土人情所形成的——因地处亚热带，气候较热，饮食习惯重清淡就成为必然。

# 中式点心的常用设备与工具

## ≈ 主题知识 ≈

我国传统点心制作多以手工生产方式为主，近年来，点心制作的设备及工具有了较快发展，从而减轻了制作人员的劳动强度，提高了生产效率。

### 一、常用设备

常用的设备有案板、加工设备、加热设备等。

#### （一）案板

案板，又称工作台，是点心制作中必备的设备。它的使用和保养是否规范，直接关系到点心制作能否顺利进行。案板多由木板、大理石等原料制成。

1. 案板的使用

在点心制作过程中，绝大部分操作步骤都是在案板上来完成的。所以，对案板的使用要有所了解。木质案板大多用厚度 6 cm 以上的木板制成，以枣木制成的最好，其次为柳木。案板要求结实牢固，表面平整，光滑无缝。在使用时，要尽量避免用其他工具碰撞案板表面，切忌将案板当砧板使用，不能在案板上用刀切、剁原料。大理石案板多用于较为特殊的点心制作（如面坯易迅速变软的品种），它比木质案板平整光滑，一些油性较大的面坯适合在此类案板上进行操作。

2. 案板的保养

案板使用后，一定要进行清洗。一般情况下，要先将案板上的粉料清扫干净，用水刷洗或用湿布将案板擦净即可。如案板上有较难清除的黏着物，切忌用力铲，宜用水将其泡软后，再用较钝的工具将其铲掉。案板出现裂缝或坑洼时，需及时对其进行修补，避免积存污垢而不易清洗。

#### （二）加工设备

1. 和面机

和面机又称拌粉机，主要用于拌和各种粉料。和面机是利用机械运动将粉料和水或其他配料拌和成面坯，一般有铁斗式、滚筒式、缸盆式等。它主要由电动机、传动装置、面桶、搅拌器、控制开关等部件组成，工作效率比手工操作高 5～10 倍。使用方法是：先将粉料和其他辅料倒入面桶内，打开电源开关，启动搅拌器，在搅拌器拌粉的同时加入适量的水，待面坯调制均匀后，关闭开关，将面坯取出。和面后须将面桶、搅拌器等部件清洗干净。

2. 绞肉机

绞肉机又称绞馅机，主要用于绞制肉馅。绞肉机是利用刀具将肉轧成肉馅，有手动、电动两种。绞肉机的构造较为简单，由机筒、推进器、刀具等部件构成。其工作效率较高，适于大量肉馅的绞制。使用方法是：启动开关，用专用的木棒或塑料棒将肉送入机筒内，随绞随放，可根据品种要求调换刀具。肉馅绞完后要先关闭电源，再将零件取下。使用后要及时将各部件内外清洗干净，以避免刀具生锈。

3. 打蛋机

打蛋机又称搅拌机，主要用于搅拌蛋液。打蛋机是利用搅拌器的机械运动将蛋液打起泡，由电动机、传动装置、搅拌器、蛋桶等部件组成，其工作效率较高。打蛋机主要用于制作蛋糕等，是面点制作工艺中常用的设备。使用方法是：将蛋液倒入蛋桶内，加入其他辅料，将蛋桶固定在打蛋机上。启动开关，根据要求调节搅拌器的转速，当蛋液抽打达到要求后关闭开关，将蛋桶取下，将蛋液倒入其他容器内。使用后要将蛋桶、搅拌器等部件清洗干净，存放于固定处。

4. 磨粉机

磨粉机主要用于大米、糯米等粉料的加工，有手动和电动两种。它是利用传动装置带动石磨（或以钢铁制成的磨盘）转动，将大米或糯米等磨成粉料的一种设备。电动磨粉机的效率较高，磨出的粉质细，以水磨粉为最佳。使用方法是：启动开关，将水和米同时倒入孔内，边下米边倒水，将磨出的粉浆倒入专用的布袋内。使用后须将机器的各个部件及周围环境清理干净。

5. 饺子机

饺子机是用机械滚压成形、包制饺子的一种炊事设备，可包多种馅料的饺子。它的工作效率高，但成品质量不如手工水饺。使用方法是：将调好的面坯和馅心倒入机筒内，启动开关，根据要求调节饺子的大小、皮的厚薄及馅量的多少。使用后要将其内外清洗干净。

6. 馒头机

馒头机又称面坯分割器，有半自动或全自动两种。半自动式是采用一部分机械分割工具，结合一部分手工操作的半手工、半机械分割方法，通常使用的有直条面坯分割器、方形面坯分割器及圆形面坯分割器。全自动面坯分割器类型很多，主要构件有加料斗、螺旋输送器、切割器、输送带等。使用方法是：将面坯自加料斗送入螺旋输送器，由螺旋输送器将面坯向前推进，直至出料口。出料口装有一个钢丝切割器，把面坯切下落在传送带上。使用后要将机器各部件清洗干净。

加工设备的保养方法如下：

第一，定期加润滑油，减少机械磨损。如轧面机、和面机等的辊轴、轴承等要按时检查、加润滑油。

第二，电动机应置于干燥处，防止潮湿短路；机器开动时间不宜过长，长时间工作时应有一定的停机冷却时间。

第三，机器不用时，应用布盖好，防止杂物和脏污进入机器内部。

第四，机器使用前，应先检查各部件是否完好、正常，确认正常后，再开机操作。

第五，检修机器时，刀片、齿牙等小零件要小心拆卸和安装，拆下的或暂时不用的零件要妥善保存，避免丢失、损坏。

### （三）加热设备

1. 蒸汽蒸煮灶

蒸汽蒸煮灶是目前厨房中广泛使用的一种加热设备。一般分为蒸箱和蒸汽压力锅两种。

（1）蒸箱　蒸箱利用蒸汽传导热能，将食品直接蒸熟。它与传统煤火蒸笼加热方法比较，具有操作方便、使用安全、劳动强度低、清洁卫生、热效率高等优点。

蒸箱的使用方法是：将生坯等原料摆屉后推入箱内，将门关闭，拧紧安全阀后，打开蒸汽阀门。根据熟制原料及成品质量的要求，通过调节蒸汽阀门控制蒸汽的大小。制品成熟后，先关闭蒸汽阀门，待箱内外压力一致时，打开箱门取出屉。蒸箱使用后，要将箱内外打扫干净。

（2）蒸汽压力锅　蒸汽压力锅（又称蒸汽夹层锅）是热蒸汽通入锅的夹层与锅内的水交换热能，使水沸腾，从而达到加热食品的目的。它克服了明火加热易改变食品色泽和风味，甚至使食品焦化的缺点，在面点工艺中，常用来熬制糖浆、浓缩果酱及炒制豆沙馅、莲蓉馅和枣泥馅。

蒸汽压力锅的使用方法是：先在锅内倒入适量的水，将蒸汽阀门打开，待水沸腾后下入原料或生坯加热。加热结束后，先将热蒸汽阀门关闭，搅动手轮或按开关将锅体倾斜，倒出锅内的水和残渣，将锅洗净，复位。

（3）蒸汽蒸煮灶的安全使用与保养　使用高温高压设备必须遵守操作规程，在使用蒸汽加热设备时应注意：

第一，进汽压力不能超过使用加热设备的额定压力。对安装在设备上的压力表、安全阀及密封装置应经常检查其准确性、灵敏性和完好性，防止因失灵或疏忽而发生意外事故。

第二，不随意敲打、碰撞蒸汽管道，发现设备或管道有跑、冒、漏、滴等现象要及时修理。

第三，经常清除设备和输汽管道内的污垢和沉淀物，防止因堵塞而影响蒸汽传导。

2. 燃烧蒸煮灶

燃烧蒸煮灶即传统明火蒸煮灶。它是利用煤或煤气等能源的燃烧而产生热量，将锅内水烧开，利用水的对流传热作用或蒸汽的作用使制品成熟的一种设备。大部分饭店、宾馆多用煤气灶，主要是利用火力的大小来调节水温或蒸汽的强弱使制品成熟。它的特点是适合于少量制品的加热。在使用时一定要注意安全操作，以确保人身安全。要定期清洗灶眼，平时注意灶台的卫生。

燃烧蒸煮灶的安全使用与保养方法如下：

第一，经常检查燃烧头的清洁卫生，以免油污和杂物堵塞燃烧孔，影响燃烧效果。

第二，当污物堵塞喷嘴孔时，燃烧头会出现小火或无火现象，此时可用细铁丝疏通喷嘴数次，以便畅通。

第三，如发生漏气现象，应查找根源，经维修后再使用。

第四，半年至一年进行一次维修保养，以保证燃烧效果。

3. 电热烘烤炉

电热烘烤炉是目前大部分饭店、宾馆面点厨房必备的设备。它主要用于烘烤各类中西点心。常用的有单门式、双门式、多层式烘烤炉。电热烘烤炉的使用主要是通过定温、控温、定时等按键来控制，温度最高能达到300℃。先进的烘烤炉一般都可以分别控制上下火的温度，以使制品达到应有的质量标准。它的使用简便卫生，可同时放置4～10个（或更多）烤盘。

电热烘烤炉的安全使用与保养方法如下：

第一，首先打开电源开关，根据品种要求，将控温表调至所要求的温度，当炉内达到规定温度时，将摆放好生坯的烤盘放入炉内，关闭炉门，将定时器调至所需烘烤的时间，待品种成熟后取出，关闭电源。

第二，待炉体冷却后，将炉内外清洗干净。烤盘清洗干净晾干后，摆放在固定处。

4. 燃烧烘烤炉

燃烧烘烤炉是以煤、煤气、木炭等能源作为燃料的一种加热设备。它通过调节火力的大小来控制炉温。在使用上和卫生保洁上与电热烘烤炉一样，但不如电热烘烤炉方便。

## 二、常用工具

### （一）擀面杖

擀面杖是点心制作中最常用的一种手工操作工具。其质量要求是结实耐用、表面光滑，以檀木或枣木制成的质量为好。根据擀面杖的用途、尺寸、形式，可分为以下五种：

1. 通用擀面杖

根据尺寸可分为大、中、小三种型号。大号长80～100 cm，主要用于擀制面条、馄饨皮等；中号长约55 cm，宜用于擀制大饼、花卷等；小号长约33 cm，用于擀制饺子皮、包子皮、小包酥等。

使用时，双手持擀面杖，均匀用力，根据制品要求将面团擀成规定形状。

2. 通心槌

通心槌又称走槌，它的构造是，在粗大的面杖中有一个两头相通的孔，中间插入一根比孔的直径略小的细棍作为柄。大走槌用于擀制面积较大的面皮，如花卷面等；小走槌用于擀制烧卖皮。使用时，要双手持柄，两手动作协调。大走槌擀出的面皮平整均匀，小走槌擀出的面皮呈荷叶边，褶皱均匀。

3. 单手杖

单手杖又称小面杖，其两头粗细一致，用于擀制饺子皮、小包酥等。使用时双手用力要均匀，要求动作协调。

4. 双手杖

双手杖较单手杖细，主要用于擀制水饺皮、蒸饺皮等。擀皮时两根合用，双手同时使用，要求动作协调。

5. 橄榄杖

它的形状是中间粗、两头细，形似橄榄，长度比双手杖短，主要用于擀制水饺皮或烧卖皮等。使用时，双手持杖，用力要均匀，要保持擀面杖相对平衡。

以上几种擀面杖是点心制作中常用的工具，使用后要将擀面杖擦净，放在固定处，并保持环境的干燥，避免其变形、发霉。

**（二）粉筛**

粉筛又称箩。根据制作材料不同，可分为绢制、棕制、马尾制、铜丝制、铁丝制等。根据用途不同，筛眼的大小有多种规格。其主要用于筛面粉、米粉及擦豆沙等。绝大部分精细点心在调制面团前都应将粉料过筛，以确保产品质量。使用时，将粉料放入筛内，不宜一次放入过满，双手左右摇晃，使粉料从筛眼中通过。使用后要将粉筛清洗干净，晒干后存放在固定处，尽量不要与较锋利的工具放置在一起。

**（三）案上清洁工具**

1. 面刮板

面刮板又称刮刀，主要用于刮粉、和面、分割面团等。

2. 粉帚

粉帚以高粱苗或棕丝等为原料制成，主要用于案上粉料的清扫。

3. 小簸箕

小簸箕以铝、铁皮或柳条等制成，一般是在扫粉时盛粉用，有时也用于从缸中取粉料。

**（四）成形工具**

1. 模子

模子一般用木头或铜、铁、铝制成。根据用途不同，模子的规格大小不等，形状各异。

模内多刻有图案或字样，如月饼模、蛋糕模等。

2. 印子

印子是刻有图案或文字的木戳，用来印制点心表面的图案。

3. 戳子

戳子一般用铁、铝等材料制成，有多种形状，如桃、花、鸟、兔等。

4. 镊子

镊子一般用铁或铜片制成，用于特殊形状面点的成形、切割等。

5. 剪刀

剪刀是在制作花色品种时用于修剪图案。

6. 其他工具

面点师使用的小型工具多种多样，其中一部分属于自己制作的，它们精巧细致，便于使用，如木梳、塑料签、刻刀等。

### （五）炉灶上用的工具

1. 漏勺

漏勺是表面带有很多均匀的孔、铁制带柄的勺。根据用途不同常有大、小两种型号，主要用于沥除食物中的油和水分，如捞面条、水饺、油酥点心等。

2. 网罩、笊篱

网罩有不锈钢网罩和铁丝网罩两种，是用不锈钢或铁丝编成的凹形网罩，在边上再加一圈围箅，用于油炸食物沥油。笊篱也有不锈钢和铁丝的两种，并带有长柄，主要用于油炸食物沥油、捞饭等。

3. 铁筷子

铁筷子用两根细长的铁棍制成。油炸食物时，用来翻动半成品和钳取成品，如炸油条、油饼等。

4. 铲子

铲子用铁片制成，带有柄，用以翻动煎、烙制品，如馅饼、锅贴等。

### （六）制馅、调料工具

1. 刀

刀有方刀、大片刀两种。方刀主要用于切面条，大片刀主要用于剁菜馅等。

2. 盆

盆有铝盆、瓷盆、不锈钢盆等，根据用途有多种规格，主要用于拌馅、盛放馅心等。

3. 蛋甩帚

蛋甩帚俗称"抽子"，有竹制和不锈钢钢丝制两种，主要用于搅打蛋糊，也可用于调馅等。

### （七）储物工具

1. 储米（面）柜

此类柜子多用不锈钢制成，用于盛放大米、面粉等。

2. 发面盆（缸）

根据（面粉）用量大小，有多种规格，用于发酵面团。

### （八）着色、抹油工具

1. 色刷

目前市场无此类专用工具，故多用新的牙刷代替。主要用于半成品或成品的着色（弹色）。

2. 毛笔

毛笔主要用于点心的着色（抹色）。

3. 排笔

排笔主要用于点心的抹油。

### （九）衡器

1. 台秤

台秤主要用于称量原料的质量，以使投料量或投料比例准确。

2. 天平、小勾秤

此类衡器称量较精确，主要用于各种食品添加剂的称量，要求刻度准确。

## 三、常用工具的保养

1. 登记与专人保管

点心厨房使用的工具种类繁多，为便于取用，应将工具放在固定的位置上，且进行编号登记，必要时要有专人负责保管。

2. 卫生与分类存放

笼屉、烤盘、各种模具，以及其他铁制、铜制工具，用后都必须刷洗、擦拭干净，放在通风干燥的地方，以免生锈。另外，各种工具应分门别类存放，既方便取用，又避免损坏。

3. 定期消毒

案板、擀面杖及各种容器，用后要清洗干净，且每隔一定时间要彻底消毒一次。

4. 遵守设备工具专用制度

点心厨房的设备工具要有专用制度，如案板不能兼作床板或饭桌，屉布忌做抹布，各种盆、桶专用，不能兼作洗衣盆等。

# 中式点心制作的基本技术

≈ 主题知识 ≈

## 一、中式点心制作基本流程

点心制作基本流程是学习制作各种点心的前提,只有了解这些操作流程,才能进一步学会各种点心制作技术。

**(一)原料准备(配料)**

根据所制点心的品种、数量,选择相应原料。点心制作所用的原料分为以下三类:

1. 皮坯用料

如米粉、面粉和其他杂粮等。

2. 馅心用料

如各种畜禽肉类、水产、蛋品和各种蔬菜、豆制品,以及干鲜水果、果仁、蜜饯等。

3. 调味料和辅助物料

如油脂、糖、盐、碱、乳品,以及改善色泽、口味的添加剂,如食用色素、香精等。

要做好相应原料的选择,必须具备选用原料的一般知识,才能选择适当的原料,发挥原料的最大用途,制出高质量、低成本的产品。选用原料要注意以下四个方面:

(1)熟悉各种坯料的性质和用途。

(2)熟悉调味料和辅助物料的性质和使用方法。

(3)熟悉原料的加工和处理方法。

(4)熟悉馅心的要求。

**(二)工具准备**

根据所制点心品种的需要,要把需用的设备、工具准备齐全,放在便于取用且不妨碍操作的位置,以保证工作顺利进行。同时要检查所用设备、工具的完好性和卫生状况,确保安全、正常运转,确保卫生整洁。

**(三)成形前加工**

将备好的原料进行初步加工,将馅心、皮坯及辅料制备好。

**(四)成形**

成形是将皮坯按要求包入馅心(或不包馅心),运用各种手法,将其做成各种形状的过程。成形时要先将所制点心品种的皮坯、馅心、辅料备好，再经揉搓、下剂、制皮、上馅、包捏等工艺过程，使点心形成各种形状。

**（五）成熟**

成熟是对生坯运用各种加热方法，使其在温度的作用下，发生一系列的变化，成为色、香、味、形俱佳的成品。即将所制的点心生坯运用蒸、煮、煎、炸、烤、烙及综合熟制方法等烹调手段使其成熟，最后装盘供食用。

## 二、中式点心制作主要任务

**（一）调制面团**

通过和面、揉面这两项基础操作，调制出适合各类点心需要的面团。

**（二）成形准备**

通过搓条、下剂、制皮、制馅，为点心的成形创造良好的条件。

## 三、点心制作基本技术

点心制作基本技术是点心师的基本功。目前，烹饪机械的应用逐渐增多，代替了许多繁复的操作工艺，大大减轻了操作工的劳动强度，提高了劳动效率。但许多产品制作工艺仍以手工为主，每个工序的基础操作技巧都需要反复练习才能达到要求。

点心制作基本技术动作包括和面、揉面、搓条、下剂、制皮、上馅六个方面，是制作者最基础的操作方法，必须学会学好，熟练运用。这些基础操作的熟练程度直接影响制品的质量和工作效率，成品制作是以基础操作为前提的，每一个步骤都会影响下一步操作的顺利进行。如和面的软硬是否合适，擀皮的厚薄是否符合要求，都会影响到下一道工序的操作和成品质量。所以，基本技术掌握得不熟练，就不可能做好成品，工作效率也将随之下降。

**（一）和面**

和面又称调制面团，是指将粉料与其他辅料（如水、油、蛋、食品添加剂等）掺和并调制成面团的过程。和面是整个点心制作中最初的一道工序，也是制作点心的重要环节。调制面团质量的好坏，直接影响着点心制作程序能否顺利进行及最终成品质量。

1. 和面的基本要求

（1）掺水量要适当。掺水量应根据不同点心品种、不同季节和不同面团而定。掺水时，应根据粉料的吸水情况分次掺入，而不是一次性加大量的水，这样才能保证面团的质量。

（2）动作迅速，干净利落。无论采用哪种和面手法，都要求投料吃水均匀，符合面团的性质要求。和面以后，要做到"手不粘面、面不粘缸（盆、案）"。

2. 和面的手法

和面的手法大体上有三种，即抄拌法、调和法、搅和法，其中以抄拌法使用最为广泛。

（1）抄拌法 将面粉放入缸或盆中，中间扒一凹塘，分次倒入水，用双手将粉料反复抄拌均匀，揉搓成面团。如调制水调面团等。

（2）调和法 将面粉放在案板上，围成中间薄边缘厚的窝形，将水或其他辅料倒入窝内，双手五指张开，从内向外调和，待面成雪片状后，再拌入适量的水，和在一起，拌成面团。如调制水油面团等。

（3）搅和法 将面粉放入盆内，左手倒水，右手拿擀面杖或竹筷搅和，边倒水边搅，搅成均匀的面团，如烫面等。

3. 和面的要领

在调制面团时，需用一定强度的臂力和腕力。为了便于用力，正确的姿势是：两脚稍分开，站成丁字步，身体要站端正，不可左右倾斜，上身向前稍弯曲。

4. 和面的质量标准

第一是匀、透、不夹粉粒；第二是符合面团的性质要求；第三是和得干净，和完以后，手不粘面，面不粘缸（盆、案）。

和好的面团一般都要用干净的湿布盖上，以防止面团表面干燥、结皮、裂缝。

（二）揉面

揉面是在面粉颗粒吸水发生粘连的基础上，通过反复揉搓，使各种粉料调和均匀，充分吸收水分形成面团的过程。揉面主要可分为捣、揉、搋、摔、擦五种方法。这些动作可使面团进一步均匀、增劲、柔润、光滑或酥软等，是调制面团的关键。

1. 揉面的基本要求

揉面时双脚要稍分开，站成丁字步，上身稍弯曲，身体不倚靠案板。面团要揉透，使整块面团吸水均匀，不夹粉粒，揉至"面光、缸光、手光"。

2. 揉面的手法

揉面的手法主要有捣、揉、搋、摔、擦五种。

（1）捣 就是在和面后，将面团放在缸盆内，双手紧握成拳头，在面团各处向下均匀用力捣压，力量越大越好。面被捣压后挤向缸的周围时，再将其叠拢到中间，继续捣压，如此反复，直至把面坯捣透上劲为止。

（2）揉 就是用双手掌根压住面团，用力伸缩向外推动，把面团摊开、叠起，再摊开、叠起，如此反复，直至揉透。

（3）搋 就是双手握拳，交叉在面团上搋压，边搋、边压、边推，把面团向外搋开，然后卷拢再搋。搋比揉所施的力要大，能使面团更均匀、柔顺、光润。

（4）摔 分为两种手法，一种是双手拿面团的两头，举起来，手不离面，用力将面摔在案板上，直至摔匀为止；另一种是稀软面团的摔法，用一只手拿起面团，脱手摔在盆内，摔下，拿起，再摔，直至将面团摔至均匀。春卷面的调制就是运用此法。

（5）擦　主要用于油酥面团和部分米粉面主坯的调制。方法是在案板上把油和面和好后，用掌根把面团层层向前推擦，使油和面相互粘连，形成均匀的面团。

3. 揉面的要领

（1）揉面时要用巧劲，既要用力，又要把面揉"活"，必须手腕着力，而且力度要适中。

（2）揉面时要按照一定的次序，顺着一个方向揉，不能随意改变方向，否则不易使面团达到光洁的效果。

（3）揉发酵面团时，不要用"死劲"反复不停地揉，避免把面揉"死"，否则达不到膨松的效果。

（4）揉匀面团后，不要立刻做成品，一般要饧 10 min 左右。

**（三）搓条**

搓条就是将揉好的面团搓成条状的一种手法，是下剂的准备步骤。操作时，将饧好的面团先抻拉成长条，然后用双掌根将面推搓成粗细均匀的圆形长条。

1. 搓条的基本要求

条圆，光洁（不能起皮、粗糙），粗细一致。

2. 搓条的要领

搓条的关键是用力均匀，手法正确。两手着力均匀，两边使力平衡；要用掌根推搓，不能用掌心，否则不易搓匀。

**（四）下剂**

下剂又称掐剂子，就是将搓条后的面坯分成大小一致的坯子。根据各种面团性质，常用的下剂方法有摘剂、挖剂、拉剂、切剂、剁剂等，其中以摘剂最为常用。

1. 下剂的基本要求

下剂直接关系到点心成形后的规格大小，是成本核算的标准。其基本要求是：大小均匀、分量准确且一致，剂口利落，不带毛茬。

2. 下剂的手法

（1）摘剂　又称摘坯或揪剂。方法是：将搓好的剂条用左手捏住，露出相当于皮子大小的截面，然后用右手大拇指与食指轻轻捏住剂条，顺势使劲揪下。

摘剂的要领是：左手不能用力过大，揪下一个剂子后，左手将剂条转 90°，然后再揪。

（2）挖剂　又称铲剂，多用于较粗的剂条。方法是：搓条后将剂条放在案板上，用左手按住，右手四指弯曲成铲形，从剂条的下面伸入，四指向上挖下剂子。

挖剂的要领是：右手在挖剂时用力要猛，要使其截面整齐、利落。

（3）拉剂　多用于较为稀软的面团，因面团较软，不宜将剂条拿在手中下剂。方法是：

左手按住剂条，右手五指抓住剂子，用力拉下。

拉剂的要领是：动作要快且猛，避免粘连。

（4）切剂　就是将剂条用刀切成均匀的剂子。方法是：将剂条放在案板上，用刀切成大小一致的剂子，如圆酥的剂子。

切剂的要领是：下刀准确，刀要锋利，切剂后剂子的截面呈圆形。

（5）剁剂　剁剂就是将搓好的剂条放在案板上，根据品种要求的大小，将剂子剁下，如制作花卷、馒头等。

剁剂的要领是：下刀准确，剁剂均匀。

**（五）制皮**

制皮就是将剂子制成薄片的过程。制皮是制作点心的基础操作之一。制皮质量直接影响着包捏和点心的成形。根据产品的要求不同，制皮的方法也是多种多样，有的下剂、制皮；有的不下剂、制皮。归结起来，有按皮、拍皮、擀皮、捏皮、摊皮、压皮等。

1. 按皮

按皮是一种较为简单的制皮方法。方法是：将摘好的剂子截面向上，用掌根将其按扁，按成中间稍厚、四周稍薄的圆形皮子，如包子皮。

按皮的要领是：按皮时必须用掌根按。

2. 拍皮

拍皮是将摘好的剂子截面向上，用右手先撤压一下，然后用手掌沿着剂子周围着力拍，边拍边顺时针方向转动皮子，将剂子拍成中间厚、四周薄的圆形皮子。

3. 擀皮

擀皮是最主要、最普遍的制皮方法，有许多种不同的擀法。擀皮又可分为双杖擀法、水饺皮擀法、馄饨皮擀法、烧卖皮擀法等，适用于水饺皮、蒸饺皮、烧卖皮，以及馄饨皮、油皮酥等的制作。要想掌握擀皮的技术必须经过反复练习。

4. 捏皮

捏皮适用于米粉面团的制皮。方法是：将剂子用手揉匀搓圆，再用双手手指捏成碗状，俗称"捏窝"。

捏皮的要领是：要用手将面团反复捏匀，使其不致裂开而无法包馅。

5. 摊皮

摊皮是一种较为特殊的制皮方法，主要用于稀软面团。方法是：将锅置于中小火上，锅内抹少许油，右手拿起面团，不停地抖动（因面团很软，放手上不动就会流下），顺势向锅内一摊，使面团在锅内黏上一层，即成圆形皮子。随即拿起面团继续抖动，待面皮边缘略有翘起，即可揭下成熟的面皮。要求皮子形圆，厚薄均匀，无沙眼，大小一致。

摊皮的要领是：要掌握好火候，动作要连贯，所用的锅一定要洁净并适量抹油。

6. 压皮

压皮也是一种特殊的制皮方法，主要用于澄面点心的制皮。方法是：将剂子用手搓匀成圆球状置于案板上（要求案板光滑平整无裂缝），案板上抹少许油，右手持刀，将刀平压在剂子上，左手按住刀面，向前旋压，将剂子压成圆形皮子。

压皮的要领是：右手持刀压皮时用力要均匀，否则皮子不圆。

## （六）上馅

上馅也叫包馅、塌陷、打馅等，是有馅品种的一道必需工序，即在坯皮中间放上调好的馅心的过程。上馅的好坏，会直接影响成品的包捏和成形。根据品种不同，常用的上馅方法有包馅法、拢馅法、夹馅法、卷馅法、滚粘法等。

1. 包馅法

包馅法是最常用的一种方法，用于包子、饺子、盒子、汤圆等绝大多数点心品种。根据品种特点，又可分为无缝、捏边、提褶、卷边等。上馅的多少、部位、手法随所用方法不同而变化。

（1）无缝类　此类品种有豆沙包、水晶馒头、麻蓉包等，一般要将馅放在面皮中间，包成圆形或椭圆形，不宜将馅放偏。

（2）捏边类　此类品种有水饺、蒸饺等，馅心较大，上馅要稍偏一些，这样将面皮折叠上去，才能使皮子边缘合拢捏紧，馅心正好位于中间。

（3）提褶类　此类品种有南翔小笼包、狗不理包子等，因提褶面呈圆形，所以馅心要放在面皮的正中心。

（4）卷边类　此类品种有盒子酥、鸳鸯酥等，它是将包馅后的面皮依边缘卷捏成形的一种方法。一般用两张面皮，中间上馅，上下覆盖面皮，依边缘卷捏紧实。

2. 拢馅法

拢馅法就是将馅放在面皮中间，然后将面皮轻轻拢起，不封口，露一部分馅，如烧卖等。

3. 夹馅法

夹馅法即一层粉料一层馅。上馅要均匀而平，可以夹上多层馅。对稀糊面的制品，则要蒸熟一层后再上馅，然后再铺另一层，如三色蛋糕等。

4. 卷馅法

卷馅法就是先将剂子擀成面片，然后将馅抹在面片上（一般是细碎丁馅或软馅），再卷成筒形做成制品，熟制后切块，露出馅心，如蛋糕卷等。

5. 滚粘法

此种方法较特殊，是将馅料切成块，蘸上水，放入干粉中，用簸箕摇晃，使干粉均匀地粘在馅上。

## 面点工作室

### 实例 1 ·········· 摘剂

**（一）用料**

面粉 500 g，水 225 g。

**（二）流程**

和面→揉面→搓条→下剂

**（三）制法**

（1）和面。和面主要有抄拌法、调和法、搅和法等。常用的调和法是：面粉放在案板上打圈，中间打塘，加水，推入面粉和成雪花状，再加入其余的水和成面团。操作时，两脚分开站成丁字步，上身稍向前倾。和面要求达到水面交融、软硬适度。

（2）揉面。揉面有双手揉和单手揉两种方法。单手揉时左手拿住面团一端，右手掌根将面团压住，向另一端摊开，再卷拢回来，翻上接口，继续再摊，再卷，直到面团揉透。

（3）搓条。双手掌根压在长形面团上，来回推搓、滚动面团，使面团向两侧延伸，成为粗细均匀的圆形长条。

（4）下剂。将粗细均匀的圆形长条摘成 7.5 g/ 个的小剂子。方法是左手握住剂条，从左手拇指与食指中（或虎口处）露出约 2 cm 长的一段，再用右手大拇指和食指轻轻捏住，并顺势往下前方推揪，即揪成一个剂子。

**（四）操作要求**

（1）分两次加水。

（2）用手掌根揪实推搓。

**（五）质量标准**

量准均匀，完整光洁，软硬适宜。

### 实例 2 ·········· 馄饨皮

**（一）用料**

面粉 500 g，蛋清 100 g，清水 150 g，玉米淀粉适量。

## （二）流程

和面→揉面→擀皮→成形

## （三）制法

（1）将面粉加水、蛋清和成面团，稍饧制片刻。

（2）将面团擀成长方形厚片。

（3）在上面均匀撒上玉米淀粉，用擀面杖将长方形厚片卷起，双手摊压擀制。擀制数次后，用另一根同样的擀面杖边卷边轻拉，将第一根擀面杖上的面坯全部卷拉至第二根擀面杖上，每次都少量均匀地撒些玉米淀粉，反复擀成极薄（1 mm）的面片。

（4）将擀好的面片整齐折叠数层，用快刀切成宽 7 cm 的长条，再用刀切成 7 cm 见方的面皮。

## （四）操作要求

（1）面要和匀、和透。

（2）擀制时用力得当，撒手粉的用量要适当。

## （五）质量标准

柔软有劲，厚薄均匀，皮薄如纸。

拓展训练

● 想一想

1. 点心制作基本技术包括哪几个方面？

2. 点心制作基础操作的重要性是什么？

3. 点心制皮的方法有哪几种？

4. 点心上馅的方法大体可分为哪五种？

● 做一做

1. 请和一个水调面团，面团调制完成后搓条，摘分成 30 个剂子，并将其中 15 个剂子擀成饺子皮。

2. 15 min 完成 80 个剂子。从和面开始，要求大小均匀。

3. 30 min 完成 80 张面皮。从和面开始，要求大小相同（直径 7 cm）、厚薄均匀、圆正。

# 中式点心制坯工艺

≈ 主题知识 ≈

将各种粮食粉料掺入适当的水或其他填料，经过调制工艺，使粉粒互相粘连成为一个整体，这个整体称为面团或主坯。

制坯工艺是指将粮食粉料掺入适当的水或其他填料以后，用手或工具使之调和，经揉搓、摔挞、饧轧等过程，使其相互黏合形成一个整体的综合过程。

## 一、制坯的作用和分类

制坯与成品的制作和特色的体现具有直接的关系，不同属性的坯料有不同的加工工艺，通过工艺操作形成成品的特色，因而制坯具有十分重要的作用。由于坯皮种类繁多、工艺复杂，为更好地掌握制坯工艺，还必须懂得其分类方法。

### （一）制坯的作用

调制面团是点心生产的入门技术，学好制坯技术具有十分重要的意义。

1. 直接为成形工艺创造条件

成形指形成成品的形态。成品形态的形成有一定的条件，不同的点心品种有不同的成形条件和相应的操作。制坯工艺就是为创造这种条件服务的。如包子的成形需要面团有良好的包捏性能；春卷皮的摊制要有符合要求的面浆；各种象形花色点心，更需要有可塑性良好的面团。

2. 确定点心的口味

点心品种的口味来源于三个方面：一是原料本身之味，为本味；二是外来添加之味，为调味；三是成熟转化之味，为风味。风味又是本味和调味的综合体现。面团在加工制作时，例如添加外来味，是许多品种调味的一个重要过程。如糖年糕、蛋糕、咸煎饼等品种，它们的口味都是在制坯过程中确定的。

3. 形成成品的质感特色

成品的特色主要包括三个方面：口味特色、形态特色和质感特色。质感特色的形成是制坯的主要目的之一，也是形成品种风味的关键。在制坯的工艺操作过程中，可以实现制品松、软、糯、滑、膨松、酥脆、分层等多种不同质感。如馒头的松软、膨大，水饺的韧滑，虾饺的软糯等。

4. 提高制品的营养价值

食物原料中所含的人体需要的营养成分是不全面的，根据营养学的观点，提高食物营养价值的有效方法是进行合理的原料组合，以达到营养素的互补。在制坯过程中，将不同的原料根据品种生产的要求合理地进行组合，是制坯的主要工艺内容。这一工艺操作的意义远远超过了制作的要求，它对提高制品的营养价值有更重要的意义。

5. 形成成品的风味

成熟具有转化和形成成品风味的作用。一方面，不同的成熟方法是形成成品风味特色的有效手段；另一方面，成熟方法的运用，又受面团特性的支配，二者相互制约。选用具有什么性质的面团、用什么方法成熟、形成什么样的风味是需要设计确定的。

6. 制坯技术是点心制作的主要基本功

调制面团是点心制作的基础操作，只有掌握了这门技术，才能进一步学习点心品种的制作。同时，操作技术熟练对于减轻劳动强度、提高工作效率和产品质量具有重要意义。

**（二）坯（面团）的分类**

根据制作分工和行业习惯，通常把坯（面团）按以下五种方法分类。

1. **按属性分**

（1）水调面团　指某一主要原料与水结合，在水的结合作用下，反映出原料本身的某种必然特性的面团（包括水温的作用）。水调面团又可分为以下三类：

冷水类：水饺、水磨汤团、春卷、面条等。

温水类：花式蒸饺、三杖饼等。

热水类：蒸饺、虾饺、烧卖等。

（2）膨松面团　指坯料内加入了某种膨松物质或膨松原料，使面团质感特性膨大、疏松。膨松面团又可分为以下三类：

生物膨松类：面包、伦教糕、包子、馒头等。

化学膨松类：油条、桃酥、棉花包等。

物理膨松类：清蛋糕、泡芙等。

（3）油酥面团　指由两块不同质感的面团结合而成的一类面团，其中一块是原料与较多量的油脂相结合的面团，另一块是含油、含水或含水油的面团，经起酥擀制后，达到起层松酥的目的。油酥面团又可分为以下三类：

酵面酥类：黄桥烧饼、酥皮包等。

水油面酥类：酥层饼、擘酥类制品等。

蛋水面酥类：擘酥类制品等。

（4）其他面团　指不能归属于以上三类属性的，一般以两种或多种原料组成，形成具有特殊质地或某种原料本身单一固有特性的一类面团。这类面团在原料组合上较灵活，在原料的选用上也较特殊。其他面团又可分为以下两类：

多种原料类：蜂巢荔芋角、凤尾酥、枣泥拉糕等。

单一原料类："凤爪"、油茶面等。

2. 按形式分

面团的构成形式有单合型和复合型两种。

单合型是以一种原料为主，加入水形成面团，如水饺面、春卷皮浆、虾饺皮浆、水磨粉等。

复合型是以一种原料为主，加上几种原料组合调制而成的面团，如叉烧包皮、松酥皮、蛋糕浆等。

制坯工艺中大多数是复合型的坯皮，其工艺复杂，技术要求也较高。

3. 按原料分

（1）麦类　以面粉原料为主，采用不同特性的面粉作为形成面团的主要原料。

（2）米类　以大米和米粉原料为主，采用具有不同特性的米或米粉作为形成面团的主要原料。

（3）淀粉类　以各种淀粉作为形成面团的主要原料，包括小麦淀粉、马蹄淀粉、藕粉、薯类淀粉等。

（4）其他原料　其他原料内容很广、品种很多，包括用作形成面团的各种动物性、植物性原料，如鱼、肉、瓜果、蔬菜等。

4. 按形态分

（1）团状　即具有团状形态的坯料。如面团等。

（2）粉粒状　即不能（或不需）结合成团，呈粉粒状态的坯料。如黄松糕、定胜糕等。

（3）颗粒状　即呈颗粒状态的坯料。如粽子、八宝饭等。

（4）固有形状　即保持原料的自然形态的坯料。如糯米糖藕、烤红薯、"凤爪"等。

（5）浆糊状　即没有固定形态或半流动状态的坯料。如锅饼坯、锅炸坯料、蛋糕浆等。

5. 按皮料分

广式点心普遍采用按皮料分类，如发面皮、澄面皮、水油皮、擘酥皮、士干皮、布玲皮等。


## 二、主坯的特性及形成原理

### （一）蛋白质的结构及胶体性质

1. 蛋白质的结构

各种氨基酸按一定的顺序以肽键相连形成的多肽链是蛋白质的基础结构。肽链结合成稳定结构称为蛋白质的二级结构。面筋蛋白质分子的二级结构是一条螺旋形的肽链，它们盘曲构成一种近似的球分子，这种特有的空间结构是蛋白质的三级结构，也称为天然结构。

2. 蛋白质的胶体性质

蛋白质的水溶液称为胶体溶液或溶胶。溶胶的性质稳定，不易沉淀。在一定条件下（如浓度增大或温度降低），蛋白质溶胶失去流动性而成为软胶状态，这个过程称为蛋白质的胶凝作用。所形成的软胶叫凝胶，凝胶进一步失水成为固态叫干凝胶。面粉中的蛋白质即属于干凝胶。

### （二）蛋白质的溶脂作用

干凝胶能吸水膨胀形成凝胶，继续吸水可形成溶胶。干凝胶吸水膨胀形成凝胶后，若不继续吸水则称为有限膨胀，若继续吸水形成溶胶则称为无限膨胀。洗面筋时，麦谷蛋白属于有限膨胀，而麦清蛋白和麦球蛋白属于无限膨胀。蛋白质吸水膨胀称为蛋白质的溶胀作用。与其相反，蛋白质脱去水分称为离浆作用。蛋白质的这两种作用对面团调制、面条的干燥以及面粉在改良剂作用下发生物理变化等，都有重要的意义。

### （三）面团的黏胀性及形成机理

调制面团时，面粉遇水，面筋蛋白质迅速吸水胀润。通常，在适宜的条件下，面筋吸水量为干蛋白质的180%～200%，而淀粉吸水量在30℃时为30%。面筋蛋白质发生溶胀作用的结果，是在面团中形成坚实的面筋网（网络中包括此时胀润性稍差的淀粉粒及其他非溶解性物质），它和一切胶体物质一样具有特殊的黏性、延伸性等性质。正是由于面粉的这些特性，形成了各类面团主要的物理化学性质。

### （四）面粉的吸水量

影响面粉吸水量的主要因素有面粉原有的含水量、粉质与温度等。

1. 面粉的含水量

在其他条件相同的情况下，面粉自身含水量越低，吸水量越大。

2. 粉质的硬度

粉质越硬，吸水量越大。

3. 麦粒的饱满状况

小麦粒越饱满，吸水量越大。

4. 吸水时间

在相同温度下，吸水时间相对较长者，吸水量多（48 h内）。

5. 温度

面粉的吸水量随水温的升高而增大。

在面粉的储运过程中，由于外界条件的变化，面粉的含水量常常发生一些变化，有经验的面点师往往在调粉前先抓一把面粉，紧握，然后松开，即可大致确定面粉的含水量。如果松手后面粉不能恢复其原来的粉状而结块、成团，则说明该面粉含水量较高；如果松手后面粉不结块成团，则说明面粉含水量符合标准。通过这一简单的鉴定方法，可大致判断面粉的吸水量。

## 三、影响面团形成的因素

### （一）原料因素

#### 1. 油脂

油脂密度比水小，不溶于水且具有疏水性。调制面团时加入的油脂可吸附在蛋白质分子表面，形成不透性薄膜，从而阻止水分向胶粒内部渗透，并在一定程度上减少了表面毛细管的吸水面积，使面粉的吸水性能减弱，面筋得不到充分胀润。因此，面团的用油量越多，吸水率越低，面筋生成量越小，面团就越松散，制品也越疏松。

另外，油脂的温度对面团的调制也有影响。由于液态油脂的流散性比固态油脂大得多，能使蛋白质胶粒表面的吸附面积变得更大。所以油脂温度较高时，面粉吸水率低，容易调制；温度过低，则面团坚硬，不易调制，需增加油脂量或水量。

#### 2. 糖

面团中加入糖或糖浆后，由于糖的吸湿性强，它不仅吸收了粉粒间的自由水，而且还吸收了蛋白质胶粒内的结合水，从而降低了蛋白质胶粒的胀润度，造成了制坯工艺过程中面筋形成程度降低、弹性减弱，面团较软。因此，糖在制坯工艺中起反水化作用。面团的吸水量随含糖量的增加而降低，大约每增加1%的含糖量，会使面团的吸水率降低0.6%左右。面团面筋的形成量随糖的增加而下降，这一点对高筋粉的影响较大，对低筋粉的影响不太明显。

饴糖对面团的影响和使用与糖基本相似，只是饴糖使成品的质地也发生变化。含蔗糖多的面团，烘烤后成品更具柔软性。

#### 3. 食盐

制坯工艺中，加入适量的盐，能够增加面筋的弹性。这主要是由于盐的渗透作用，使面团中的结合水变为游离水，从而促进了蛋白质的吸水胀润。但是，若用盐量太多，则与糖一样，会使面团变得过软，破坏面团的筋性，使面团的弹性和延展性降低。

#### 4. 蛋

蛋液有较高的黏稠度，在酥性面团中，蛋对面粉和糖的颗粒起黏结作用。同时，蛋黄中的磷脂成分可使油、水乳化均匀，分散到面团中去，从而增加制成品的疏松性。另外，蛋液经搅打后含有气泡，分布于面团中，使面团组织膨松。

（二）水的因素

1. 水量

点心制作工艺中，绝大多数面团要加水调制。加水量视制品需要而定。在通常情况下，加水量与面筋的形成量有密切的关系。加水量较多，湿面筋形成的也较多；加水量少，湿面筋形成的也少。调制同样软硬程度的面团，加油、糖、蛋多，则用水量少；反之，则用水量多。面粉干燥，加水量则多；反之则少。

2. 水温

水温除了可以影响面团中糖、油、盐的溶解速度和面团的发酵速度外，还直接影响面筋的形成量和淀粉的吸水量。一般情况下，面粉的吸水量是随着水温的升高而增加的。

（三）操作因素

1. 投料次序

调制面团时，投料次序不同，也会使面团质量有差异。点心制作工艺中一般是将油、糖、蛋、水先搅拌匀，再拨入面粉和成面团。也可以将糖浆与油混合后再调制成面团。如果将油、水等分别投入面粉中进行混合，势必有一部分面粉吸水多，造成蛋白质胶粒迅速胀润，不能达到有限胀润目的，使面团弹性增大、可塑性减弱；而另一部分面粉则吸油多，即使多加搅拌，制成的面团仍会筋酥不匀，制品僵缩不松。调制生物膨松面团时，油、糖应最后加入，否则酵母的生长会受到抑制，达不到发酵要求。

2. 调制时间和速度

调制时间是控制面筋形成程度和限制面筋弹性的最直接因素。适当掌握调粉速度，会获得理想的效果，不会造成韧缩、花纹不清和变形。各类面团的性质、特点不同，调制的时间和速度也不相同。

3. 静置时间

饧面时间的长短可引起面团性质的变化。刚调制好的面团，其弹性还没有完全松弛下来，饧面会使水化作用继续进行，达到消除张力的目的。饧面不仅可以使面团逐渐松弛而有延伸性，而且可以降低其黏性，使面团表面光滑。饧面时间过短，面筋还没完全形成，此时面团无筋性，擀制时不易延伸；饧面时间过长，面筋变软，面团不易成形。在面团调制后各种物理形状已符合工艺要求的，则不需饧面，可直接进行工艺操作。

## 四、面团的质量标准

### （一）口味

面团成熟后的口味来源于三个方面：一为本味；二为调味；三为风味。风味是本味和调味的综合体现，它确定了点心品种的口味。每一种面团都应具有其本身特有的口味，口味的形成与下料、成熟方法有密切关系。衡量面团口味质量的标准有香、鲜、浓、清、醇、甜、咸等。

### （二）质感

面团质感是形成点心特色的关键，它与主料的品种、工艺操作过程及成熟方法有密切关系，每一种面团都应具有其本身的质感特征。衡量面团质感特征的标准有松、软、糯、滑、膨松、酥脆等。

### （三）形态

每一种面团都有其典型的形态特征。辅料的比例和工艺手法是影响面团形态的重要因素。衡量面团形态的标准有层次、丰满、形状、精巧、别致、象形等。

### （四）色泽

每一种面团制作的点心均应有其典型的色泽标准，它与原料的种类、数量、成熟方法及火候、油温有密切关系。衡量面团色泽的质量标准有白、雪白、黄、浅黄、金黄、棕红及原料本身特有色等。

### （五）营养价值

面团营养价值的高低取决于所用原料本身营养成分的含量和加工工艺中对营养素破坏的程度。凡营养丰富、加工后利于人体吸收利用的，营养价值就高。有些面团虽本身营养丰富，但加工后营养素被破坏或不利于人体吸收，这样的面团营养价值就低。

拓展
训练

● 想一想

1. 什么叫主坯？什么叫制坯工艺？

2. 构成面团的原料，一般可分为哪几类？

3. 影响面团形成的因素包括哪几个方面？

4. 简述水调面团的分类。

5. 简述膨松面团的分类。

6. 简述油酥面团的分类。

● 做一做

调制一块面团。

## 评分标准

| 评分项目 | 标准分 | 减分幅度 | | | | 扣分原因 | 实得分 |
|---|---|---|---|---|---|---|---|
| | | 优 | 良 | 中 | 差 | | |
| 色泽 | 15 | 1～2 | 3～5 | 6～8 | 9～14 | | |
| 形态 | 15 | 1～2 | 3～5 | 6～8 | 9～14 | | |
| 组织 | 20 | 1～3 | 4～7 | 8～10 | 11～19 | | |
| 口味 | 20 | 1～3 | 4～7 | 8～10 | 11～19 | | |
| 火候 | 15 | 1～2 | 3～5 | 6～8 | 9～14 | | |
| 现场过失 | 15 | 1～2 | 3～5 | 6～8 | 9～14 | | |

# 项目二
# 水调面团

····· 项目介绍

　　水调面团，是直接用水和面粉调制而成的面团。水调面团制品是中式面点中最基础的品种，所用的成形技术是中式面点制作必须掌握的基本技术。根据调制面团时所用的水温，水调面团分为三种：冷水面团、温水面团、热水面团。

　　水调面团的特点是组织严密、质地坚实，内无蜂窝孔洞（体积也不膨胀），故又称为"实面""死面""呆面"，但其富有劲性、韧性和可塑性。成品爽滑、筋道（有咬劲），富有弹性而不疏松。这种面团在餐饮业应用极为普遍，品种花色也极为繁多。

····· 学习目标

**终极目标**

　　了解三种水调面团的定义和特点。

　　学会冷水面团、温水面团、热水面团的调制工艺。

　　掌握饺类、烧卖类、春卷类、汤包类、面条类、饼类等典型品种的制作过程。

　　熟练掌握水饺、月牙饺的制作方法。

　　掌握4～6种花色蒸饺的成形技艺。

**过程目标**

　　调动学生学习技能的主动性、积极性，培养动手能力。

　　培养一定的创新意识。

　　养成良好的"一手清"操作习惯。

任务一 **冷水面团**

≈ 主题知识 ≈

## 一、什么是"冷水面团"

冷水面团就是用30℃以下的冷水调制的面团，由于用冷水或温度较低的水来和面，面粉中的蛋白质不会发生热变性，从而形成较多、较强的面筋质，再加上淀粉在低温下并不会发生膨胀糊化等现象，因此所形成的面团具有结实、韧性强、拉力大、"呆板"的特点，故又称"死面"。

## 二、冷水面团调制工艺

调制冷水面团时，由于冷水不能引起面粉中淀粉的糊化和蛋白质的热变性，因此面团黏性差而色白，蛋白质吸水形成的面筋使面团有弹性和韧性。在冷水面团中，蛋白质的性质起主要作用。

1. 配方

冷水面团配方见表2-1-1。

表2-1-1 冷水面团配方

| 品种 | 原料/g | |
|---|---|---|
| | 面粉 | 参考用水量 |
| 水饺 | 500 | 225 |
| 面条 | 500 | 200 |

2. 工艺流程

面粉
其他辅料 } +冷水 —调制→ 冷水面团

## 三、冷水面团的特点

冷水面团成品色泽较白，吃起来爽口有筋性，一般适用于水煮和烙的面点品种。

## 四、冷水面团调制方法

冷水面团的调制是将面粉倒入盆中或倒在案板上，掺入冷水或温度较低的水，边加水边搅拌。加水基本上分为三次，第一次加 70% 左右的水，将面粉揉搓成雪花状；第二次加 20% 左右的水，将面揉成团；第三次根据面团的软硬度加水，一般为 10% 左右。根据制作产品的要求确定加水量，同时也需根据气温以及面粉的质量等情况调整加水量。

## 五、调制冷水面团的注意事项

面团调制好后放在案板上，盖上干净湿毛巾（或保鲜膜）静置 15 min 左右。

≋ 面点工作室 ≋

### 实例 1 ········· 花边饺

花边饺是将精白粉和冷水调在一起制成的水调面团，将揉好的面团搓条、下剂、擀皮，然后上馅，最后将花边饺生坯上笼，旺火蒸约 10 min 制熟即可。花边饺形态饱满，花边均匀美观，馅料居中，成品白净，口味鲜美爽滑。

**（一）用料**

面团：低筋粉 200 g，冷水 105 g。

馅心：鲜肉馅 120 g，葱花少许。

**（二）流程**

原料准备→调制馅心→和面→下剂→擀皮→上馅→成形→成熟装盘

**（三）制作方法**

（1）准备原料和工具，如图 2-1-1-1、图 2-1-1-2 所示。

（2）和面。将 200 g 面粉倒在案板上，中间扒一个坑，倒入全部冷水，用手抄拌成雪花状，然后再用力将面粉用多种成团手法揉制成团，如图 2-1-1-3、图 2-1-1-4 所示。搓条、下剂、擀皮，如图 2-1-1-5、图 2-1-1-6 所示。

（3）上馅，成形。用馅料签挑上 10 g 左右馅心，放置在面皮的中间位置，两边左右合拢后，用中指与大拇指均匀推出花边，如图 2-1-1-7、图 2-1-1-8 所示。

（4）蒸制。水烧开后将包制好的花边饺生坯放入蒸笼，以旺火蒸 8 min，如图 2-1-1-9 所示。出笼、装盘，如图 2-1-1-10 所示。

花边饺制作演示

◉ 图 2-1-1-1　原料准备

◉ 图 2-1-1-2　工具准备

◉ 图 2-1-1-3　调制面团

◉ 图 2-1-1-4　揉搓成团

◉ 图 2-1-1-5　搓条

◉ 图 2-1-1-6　下剂、擀皮

◉ 图 2-1-1-7　上馅

◉ 图 2-1-1-8　推捏花边

◉ 图 2-1-1-9  上笼蒸制

◉ 图 2-1-1-10  成品

**（四）操作要求**

（1）面团软硬度适中、光滑、细腻。

（2）搓条、下剂、擀皮大小均匀。

（3）熟练运用推捏方法。

（4）形态饱满，花纹清晰，色泽洁白。

（5）根据成品要求决定饺子皮大小，饺子皮圆整、无毛边、金钱底。

**（五）质量标准**

形态饱满，花边推捏均匀，饺皮洁白。

## 实例 **2** ········· 水饺

**（一）用料**

面粉 500 g，馅心 800 g。

**（二）制法**

将面粉过筛后围成凹塘形，加冷水 250 g 左右和成冷水面团，盖上潮布，静置片刻。搓条后下剂，一般每 50 g 面粉下成 6～8 个剂子。然后擀成直径 6 cm 左右的圆形面皮，加入 10 g 左右的馅心，捏成木鱼形或月牙形即成饺子生坯。将水烧开后放入生坯，并用勺子略推动水，使饺子旋转，防止粘底。开锅后，点水 2～3 次，待水饺全部上浮，呈透亮色，内外皆熟，即可盛出。

**（三）操作要求**

（1）面团要揉透、揉匀、光滑、洁白，软硬适中，不宜过软。

（2）包捏时将口对齐、捏紧、捏牢，以免成品裂口、破肚、露馅。

（3）煮制过程中点水要及时，中途火力不能减弱，以免饺子软烂、掉劲。适时推动水，防止粘连、粘底。

**（四）质量标准**

（1）形状：木鱼形。

（2）口味：鲜美、爽滑。

（3）规格：20 g/只。

（4）组织：厚薄均匀、馅料居中。

（5）卫生：符合中式点心卫生要求。

（6）色泽：白净，呈透亮色。

**（五）同类产品**

水饺品种很多，主要取决于馅心，如三鲜馅、鸡肉馅、虾仁馅、鱼肉馅以及素菜馅。水饺馅大多是生馅，一般加水搅拌（即水打馅）而成，具有黏性，似稠粥状。如要加入蔬菜，必须在临包制之前加入。

# 实例 3 ……… 春卷

春卷为时令点心，皮脆、肉鲜、味美，是冬、春季节应时小吃。韭芽肉丝春卷用料及制法如下。

**（一）用料**

面粉 650 g，净猪肉丝 750 g，净韭菜 500 g，食用油 1 500 g，精盐 5 g，绍酒 10 g，湿淀粉 150 g，酱油 25 g，熟猪油 50 g，味精 5 g。

**（二）制法**

（1）调制稀软面团（每 500 g 面粉掺水 350 g 左右），使其既要筋性强，又要柔软，拿在手中如不抖动就会缩回。先在面粉中加点精盐和适量的水和好，接着用手抽打，一边抽打，一边稍加点水，反复抽打、加水，到适当程度后，摔面摔匀，直至面团柔软上劲为止；在平底锅上摊皮时，平底锅不能太热、太油，否则面皮会跟随面团移动，但锅也不能太冷太干，否则面皮粘锅，揭不起来。

另一种比较简单的制法：将 1 250 g 面粉倒入和面缸内，加 15 g 盐和 900 g 清水搅匀，直至没有粉粒时，用劲揉和将面团按平按实，加入清水浸泡面团至少 6 h。用时沥去水，将面再扯匀。

（2）炒锅置于旺火上，下猪油烧至四成热，将肉丝放入锅中煸炒至七成熟，加入绍酒、酱油、精盐、味精，用 75 g 水和湿淀粉勾厚芡，沸腾后起锅，装盘摊凉。韭芽切成 3 cm 长的段，撒入炒好的肉丝拌匀成馅。

（3）把馅分成 5 份，每份包春卷 10 只。包的方法是：将面皮平摊在案板上，放上肉丝馅，先将一边折拢，再将两端折拢，最后卷成长9 cm、宽2 cm的长方形小卷，用面糊封口。

（4）炒锅置于旺火上，将食用油烧至七成热时，把包好的春卷逐一放入锅中分批炸制（10只为一批），炸时用筷子不断翻动，约2 min后，制品呈金黄色时，捞起装盘。

**（三）质量标准**

皮脆，馅鲜嫩。

**（四）同类产品**

用细沙做馅即为"细沙春卷"。

# 实例 4 ········· 酱、汁、卤面

面条由于成形方法不同，形成了不同种类；由于成熟方法各异，又形成了各有特色的口味。具体操作上，一般分为酱面、汁面、卤面、汤面、炒面、凉面及其他。

面条先经煮熟，盛入碗内，不带汤水，再浇上不同的酱、汁、卤和配料，拌和食用。如北方的炸酱面，用肉丁或肉末与面酱一起炸好，浇在面条上拌和食用。用制好的卤汁浇在面条上拌和食用，即成打卤面。

# 实例 5 ········· 汤面

汤面即有汤水的面条，一般可分为清汤面、花色汤面与过桥面三种。

**（一）清汤面**

南方叫阳春面。将煮好的熟面条盛入汤碗内，做汤的调料一般有芝麻油或猪油、酱油、盐、味精、葱花等。汤水要清爽，如用鸡汤，只需加点味精、细盐即可。

**（二）花色汤面**

煮面、制汤与清汤面相同，只是汤面上要浇上多种事先做好的熟料，如排骨、熏鱼、大肉等，也有同时做的肉丝、鸡丝、三鲜等。现介绍两种如下：

1. 虾爆鳝面

（1）制法：炒锅置于旺火上，加菜油烧至八成热，将长约7 cm的净鳝片下锅炸约3 min，用筷子划直至鳝皮起小泡，起"沙沙"声时，将其倒进漏勺沥油。炒锅内放入猪油，将葱、姜下锅略煸后，放入爆过的鳝片同煸，加黄酒、酱油、白糖、肉汤，烧煮至锅内汤汁剩下一半时，加味精略拌，盛入碗中待用。将虾仁放入沸水锅中余约10 min，用漏勺捞起待

用。面条焯水待用。最后将炒锅内下入鳝片，加肉汤、酱油、虾鳝原汁，用旺火炒制。汤沸后加面条，至汤渐浓稠时加味精及少量猪油即成。捞出时，先将面盛入碗内，再将爆鳝片盖面上，再放入虾仁，淋上麻油即可。

（2）特点：面条柔滑，虾仁洁白、鲜嫩，鳝鱼香脆味美。

2. 片儿川

（1）制法：猪腿肉洗净，切成长3 cm、宽2 cm、厚3 mm的薄片。雪菜洗净切末。炒锅置于旺火上，加少许熟猪油，烧至四成热时，将肉片倒入，用勺翻炒至肉片呈米白色时，加酱油、笋片、雪菜末、清水少许后，用勺沿锅底搅拌，盖上盖焖煮2 min，即成片儿川面浇。汤锅中加清水250 g，并舀入炒肉片的原汁，用旺火烧沸，加入过水后的熟面条，加入猪油、味精，烧至汤、面沸滚，连面带汤一起倒入碗中，盖上片儿川面浇即成。

（2）特点：面条柔软，肉片松嫩，入口鲜美。

### （三）过桥面

过桥面是一种特殊风味的汤面，它由三部分组成：一是熟面条，二是生鲜配料，三是热母鸡汤。三件一起上桌，把生配料放入热汤内一氽即熟，随即拌入面条食用。因为生配料必须在热鸡汤中一过成熟，即有了"过桥"的名称。

过桥面的生配料必须用鲜料，并要切成薄片。其关键在于切薄，否则"过桥"后不能成熟。过桥面的鸡汤必须用老母鸡熬成的汤，表面有一层浮油，以保持汤内高温，能使生配料氽熟。

## 实例 6 ········· 炒面

炒面是由复加热法制成，面条先经过蒸或煮，再经过炸、煎、炒、焖法制成，有素炒和荤炒两种。

### （一）用料

面条200 g，油菜15 g，水发蘑菇15 g，水发腐竹15 g，水发玉兰片15 g，油50 g，味精2 g，细盐2 g，高汤350，黄酒、酱油少许。

### （二）制法

先将蘑菇切成小片，油菜洗净切成片，玉兰片切薄片，腐竹切成段。面条上屉蒸熟，用开水烫一下，再下锅用油煎成两面金黄，出锅。锅内留底油，下蘑菇片、油菜片、玉兰片、腐竹段等煸炒。烹入黄酒、酱油，加高汤，撇去沫，放味精、细盐，把料捞出锅，锅内留汁，把面条下到锅里，用汁焖透，翻锅，再焖另一面，用筷子划散，盛入盘里，把捞出的料盖到面条上即成。

**（三）质量标准**

又软又脆，清淡不腻。

**（四）同类产品**

其他还有焦炒面、煸炒面等。焦炒面只是面条炸得比较焦脆，也不再焖软，把浇料做好后直接浇上，吃口焦脆、鲜香。煸炒面是将面条煮熟放凉，不再油炸，把配料（如肉、蔬菜）放入锅内炒熟后，略加清汤烧沸，再把熟面条下入锅中煸炒，出锅，吃口柔软、味香、浓郁。

# 实例 7 ………… 凉面（拌面）

凉面是将面条熟制后放凉，加各种调料拌食。凉面讲究吃口清爽，味道多样，鲜、香、咸、甜、麻、辣都有。制作凉面，要求面团筋性强、劲力大，另外切条要细。

凉面的煮制是关键，其要点是：① 煮时火要大、水要多，面条要利落、不粘。② 面条不要煮得太熟，一般"断生"即可，最多八成熟，面条浮起即可捞出。

凉面的基本调料有芝麻油、芝麻酱、辣椒油、味精、醋、蒜泥、姜末、葱花等。在配料方面有的配酱萝卜末、海蜇皮丝、小虾末、绿豆芽、黄瓜，还有的配鸡丝、猪肉丝等。

其他面条还有焖面、烩面、糊面、锅面、热干面和朝鲜冷面等。

# 实例 8 ………… 馅饼

馅饼是包有馅心的饼。

**（一）用料**

面粉 100 g，猪肉 50 g，甜面酱 5 g，葱末 25 g，细盐少许，芝麻油 5 g，味精 0.2 g。

**（二）制法**

先将面粉用凉水（或温水）和成较软的面团（100 g 面粉加 60 g 水左右）。将其余馅料调成馅心。在案板上撒上面粉，将面团揉匀，搓条，摘成剂子并按扁，包入馅料，收口。注意不要有疙瘩，收口朝下，按成圆饼，下锅两面煎黄即可。

**（三）质量标准**

外脆里嫩、鲜香可口。

- 想一想

1. 煮水饺时为什么要采用"点水"的方法？

2. 水饺馅的特点是什么？水饺馅中加蔬菜应注意哪些问题？

- 做一做

从和面开始，完成 30 个花边饺的制作。

任务二

# 温水面团

≋ 主题知识 ≋

## 一、什么是"温水面团"

温水面团是采用 50～60℃ 的温水调制而成的面团。由于水温高于冷水，加快了水分子的扩散，部分蛋白质发生热变性，使面筋质的形成受到了限制，而淀粉的吸水性得到了增强，部分淀粉糊化变性，从而减弱了面团的筋性。这种面团的筋性、韧性、弹性低于冷水面团，但可塑性却得到了提升，成熟后面皮呈透明状。

## 二、温水面团调制工艺

温水面团是用 50～60℃ 温水调制的面团。此水温使面粉中的淀粉进入糊化阶段，但没有完全糊化；蛋白质开始热变性，但并没有完全变性。因此，温水面团有一定的黏性但不强，有筋性但不足。在温水面团中，蛋白质和淀粉是同时起作用的。

## 三、温水面团的特点

温水面团柔中有劲，可塑性较强，易成形且成熟后不易变形，口感适中，色泽较白。

## 四、温水面团调制方法

温水面团的调制方法与冷水面团的调制相同，只是将冷水改成温水。水温过高或过低都不符合温水面团的要求。调制温水面团应按不同品种的需求加水，使水与面粉充分结合，散尽热气，揉匀、揉透后盖上湿布备用。

## 五、调制温水面团的注意事项

水温一定要控制好：温度过高会引起淀粉糊化或蛋白质明显变性，面团的黏性过大，做出的成品易变形；温度过低则蛋白质不变性，面粉黏性过低。

## ≈ 面点工作室 ≈

### 实例 **1** ·········· **冠顶饺**

冠顶饺是传统名点，外表晶莹透亮，油润溢香，造型别致，皮薄馅鲜。

**（一）用料**

面团：面粉 250 g。

馅心：猪肉 200 g，虾仁 150 g，酱油、精盐、白糖、味精、胡椒粉、葱姜末等适量。

**（二）流程**

原料准备→调制馅心→和面→下剂→擀皮→上馅→成形→成熟装盘

**（三）制作方法**

（1）准备原料和工具，如图 2-2-1-1、图 2-2-1-2 所示。

（2）和面。将 250 g 面粉倒在案板上，中间扒一凹坑，加入 125 g 冷水抄拌成雪花面，然后揉搓成光滑的面团。如图 2-2-1-3、图 2-2-1-4 所示。

（3）制皮。将面团搓成条，摘成大小一致的剂子，用手压扁，再用擀面杖擀成直径 8 cm 的圆皮，如图 2-2-1-5 至图 2-2-1-7 所示。

（4）成形。首先，将圆皮折起三条边，叠捏成等边三角形，翻面，把馅料放在三角形的中心，然后提起三个角，合拢捏住成为立体三棱锥形；其次，把三边对齐，推捏出花边；最后，把压在下面的三个边向外翻平，顶上留一个小孔，可放置樱桃或青豆。如图 2-2-1-8 至图 2-2-1-11 所示。

（5）成熟。将冠顶饺生坯上笼，以旺火沸水蒸约 10 min 至熟，取出装饰即可。如

图 2-2-1-12 至图 2-2-1-14 所示。

## 实训过程

◉ 图 2-2-1-1　工具准备

◉ 图 2-2-1-2　原料准备

冠顶饺制作演示

◉ 图 2-2-1-3　调制面团

◉ 图 2-2-1-4　揉搓成团

◉ 图 2-2-1-5　搓条

◉ 图 2-2-1-6　下剂

◉ 图 2-2-1-7　擀皮

◉ 图 2-2-1-8　面皮折叠成三
角形

◎ 图 2-2-1-9　翻转一面放上馅心　　　◎ 图 2-2-1-10　捏成立体三棱锥形

◎ 图 2-2-1-11　推捏出花边　　　◎ 图 2-2-1-12　上笼蒸制

◎ 图 2-2-1-13　出笼装盘　　　◎ 图 2-2-1-14　装饰成品

**（四）操作要求**

（1）调制面团如需加温水，水温要控制在 60 ℃左右。

（2）推捏成形时要做到整齐均匀、造型逼真。

（3）蒸制时间不能太长，否则装饰原料容易变色，成品会塌陷或容易透馅。

**（五）质量标准**

三面对称，花边均匀美观，皮薄汁鲜，一般 25 g/ 只。

## 实例2 ·········· 羊肉烧卖（杭州）

烧卖既不同于包子，又不同于饺子，是一种具有特色的面点。烧卖的馅心种类很多，如羊肉烧卖、三鲜烧卖、糯米烧卖等。

**（一）用料**

面粉 125 g，去骨生羊肉 100 g，萝卜 150 g，酱油 1 g，葱末 15 g，芝麻油 5 g，绍酒 5 g，姜 1 g，精盐 5 g，味精 0.75 g。

**（二）制法**

（1）羊肉用绞肉机绞成肉末，加入酱油、精盐、绍酒和姜汁水 5 g（姜切细末加少量水混匀），搅拌上劲，加水 30 g，再搅拌均匀。萝卜洗净，削去头、蒂，刨成丝，煮熟，用水过凉，切成细末，挤干水（取用 75 g），与葱末、芝麻油、味精一起拌入羊肉馅中。

（2）取面粉 100 g，加水 30 g 左右（春、冬季水温为 80℃，夏、秋季为 60℃），拌成雪花片（松散的粉末），摊凉，洒上凉水 5 g，饧 15 min 左右，充分揉匀，摘成 10 个剂子（每个约重 13 g），撒上干粉，每只用手掌揿成圆形，在干粉堆里用擀面杖擀成木耳边的薄面皮（直径为 10 cm 左右）。

（3）把擀好的面皮抖去燥粉，每张包入馅心约 25 g，轻轻回旋捏拢（呈一棵白菜形）。笼屉内铺上湿布，将烧卖排入笼内，加盖用旺火蒸 4 min 后，取洁净的洗帚沾点凉水均匀地洒在烧卖上，再加盖用旺火蒸 3 min 即可出笼。

**（三）操作要求**

（1）面团不可调制得太软。

（2）蒸制时间不可过长。

（3）擀皮应厚薄均匀。

**（四）质量标准**

形如白菜，皮薄、汁鲜。

## 实例3 ·········· 三鲜烧卖（北京）

**（一）用料**

面粉 750 g，鲜猪肉 500 g，水发海参 15 g，黄酱 30 g，酱油 60 g，对虾 100 g，姜末 6.5 g，味精 1 g，芝麻油 60 g，绍酒 30 g，精盐 7 g。

**（二）制法**

（1）将猪肉洗净绞成碎末；水发海参去内脏、洗净，切成 2 mm 见方的丁；对虾去头、皮和虾线，洗净后切成 1 mm 见方的丁。把猪肉末、海参丁和虾肉一起放在盆中，加入其他调料和凉水（夏季 125 g，冬季 200 g）拌匀，加入芝麻油搅拌成馅。

（2）将 600 g 面粉放在盆中，加入开水 240 g 和成面团。揉好后搓成圆条，再揪成 60 个剂子，并在剂子上稍刷一层芝麻油以防皮裂。

（3）将面粉（150 g）上笼蒸熟，放凉后过箩，铺撒在案板上。将剂子放在上面，用擀面杖擀成四周皱起、形如裙边的烧卖皮。把烧卖皮放在左手上，在面皮中间放上 15 g 的馅，轻轻合拢面皮的边缘，把馅包起来，收口不要太紧，可稍露一点馅，与皮边黏在一起即可。上笼屉用旺火蒸 5～6 min 即熟。

**（三）质量标准**

色白、皮薄，鲜美醇香。

## 实例 4 ·········· 糯米烧卖（江苏）

**（一）用料**

糯米 500 g，精白面粉 250 g，肥瘦猪肉（熟）100 g，白糖 50 g，酱油 150 g，猪油 300 g，虾籽 3 g，味精 5 g。

**（二）制法**

（1）将糯米淘净后盛入钵内，冲入 50℃ 的热水，浸泡 2 h，当米粒泡涨后取出，放在竹箩里沥干水分，然后将糯米放入笼内铺开，用旺火蒸熟成饭，取出。肥瘦猪肉切成 1 mm 见方的丁。取净锅置于炉上，倒入开水 350 g，加入酱油、白糖、肉丁、虾籽、味精，用旺火烧开，当白糖溶化、虾籽煮熟后，将糯米饭下锅，用铲子炒拌至卤汁完全被米吸收后，再加入猪油拌和即成馅心。

（2）面粉打圈，加入冷水 100 g 拌和揉透，搓成长条，摘成 20 只剂子。先用手将剂子逐个按扁，后用擀面杖擀成直径 8 cm 的圆形荷叶边状的面皮。

（3）包馅和蒸制过程与三鲜烧卖基本相同。

**（三）质量标准**

肥润、清香。

## 实例 5 ·········· 鲜肉小笼包（杭州）

**（一）用料**

面粉 75 g，皮冻 40 g，精盐 2 g，味精 2 g，黄酒 10 g，酱油 2.5 g，芝麻油 10 g，夹心

猪肉 100 g。

**（二）制法**

（1）将夹心猪肉剁成肉末，加入精盐、味精、酱油、黄酒搅匀，再加入碎皮冻、芝麻油拌匀。

（2）将面粉 70 g 加温水 35 g 和成面团，静置后搓条并摘成 10 个剂子，用擀面杖擀成直径 6 cm 的中间厚、边缘薄的圆片。将调好的馅分成 10 份（每份约 16 g），分别排入圆片内，左手托皮，右手拇指和食指轻提面皮边缘，沿边捏一圈褶子（17 个左右），呈菊花形，捏拢收口成鲫鱼嘴，放入笼屉，用旺火沸水蒸约 10 min 即成。

**（三）操作要求**

（1）面团的软硬度要适中。

（2）面皮的大小要均匀。

（3）捏褶收口时要注意手型、手法。

**（四）皮冻的制法**

将猪皮去毛洗净，在沸水中焯一下捞出，倒去污水，猪皮再次放入锅内加水烧沸（猪皮500 g 加水 2 000 g），用小火焖至六成熟时起锅，趁热与 20 g 姜末一起放入绞肉机中轧碎，再放回原锅，用旺火煎成浓乳汁起锅，盛入容器中，待冷凝后即成皮冻。

**（五）质量标准**

皮薄馅多，香鲜肥美，汤汁多。

● 想一想

1. 简述冠顶饺的制作过程。

2. 制作烧卖皮应注意哪些问题？

● 做一做

1. 从和面开始，15min 完成一客鲜肉小笼包的制作。

2. 制作 2 种以上不同馅料的烧卖。

## 任务三　热水面团

### ≈ 主题知识 ≈

## 一、什么是"热水面团"

热水面团是用80℃以上的水调制而成的面团。在热水的作用下，面粉中的蛋白质变性凝固，面筋质被破坏，致使面团无筋性。同时，面团中的淀粉吸收了大量的水分，导致淀粉膨胀变成糊状并且部分分解成单糖和双糖，因此面团具有黏性。

## 二、热水面团调制工艺

热水面团是用80℃以上的水调制的面团。热水使面粉中的淀粉完全糊化，形成黏度极高的溶胶；蛋白质完全热变性，不能生成面筋。因此，面团柔软、劲小，无弹性和韧性，但它黏性强，呈半透明状，口感细腻，略有甜味。在热水面团中，淀粉的性质起着主要作用。

1. 配方
热水面团配方见表2-3-1。

表2-3-1　热水面团配方

| 品种 | 原料 /g | | | | | | | |
|---|---|---|---|---|---|---|---|---|
| | 面粉 | 鸡蛋 | 碱水 | 苏打 | 水 | 矾 | 面肥 | 黄油 |
| 广东炸糕 | 500 | 750 | | | 650 | | | 75 |
| 烫面炸糕 | 500 | | 数滴 | | 1 100 | 5 | 75 | |

2. 工艺流程

沸水
黄油或矾 } +面粉 —调制→ 面坯 —揉和→ 热水面团
其他辅料 ⌐———————↑

## 三、热水面团的特点

热水面团的特点是软糯、黏性佳、易成熟，成品呈半透明状，色泽较暗，但口感细腻。一般适于制作烧卖、锅贴等。

## 四、热水面团调制方法

热水面团的调制是将面粉倒入盆中或倒在案板上，中间扒一大小适中的凹坑，加入80℃以上的热水用擀面杖搅拌，边倒水边搅拌（冬季时搅拌要迅速），使面粉均匀烫熟。最后一次揉面时，必须洒上冷水再揉成面团，以使制品吃起来糯而不黏。面团和好后，需切成小块晾置，使其热气散发，冷却后盖上湿布备用。

## 五、调制热水面团的注意事项

热水要均匀浇透，加水量要适中；必须洒上较少的冷水，一是方便用手揉面，不至于太烫，二是使成品口感软糯不黏牙；散热要及时，防止制品结皮，表面粗糙将会影响质量。

## ≈ 面点工作室 ≈

## 实例 1 ·········· 月牙饺

### （一）用料
面粉 250 g，热水 120 g，鲜肉馅 300 g。

### （二）流程
原料准备→揉面→下剂→擀皮→上馅→成形→蒸制→成品装盘

### （三）制作方法

（1）准备好原料和工具，如图 2-3-1-1、图 2-3-1-2 所示。将鲜肉馅剁碎，加入适量盐、酱油、味精等调味品进行调味。

（2）250 g 面粉加入 120 g 热水，揉成团，如图 2-3-1-3、图 2-3-1-4 所示。搓条，下剂（10 个），每个剂子约重 10 g，如图 2-3-1-5、图 2-3-1-6 所示。

（3）将剂子按扁后，擀成直径约 10 cm 的面皮，上馅。将面皮大致分成内四成外六成，左手大拇指用指关节抵住内四成面皮，右手两根手指推捏面皮成瓦楞形褶子，包捏出纹路。如图 2-3-1-7 至图 2-3-1-10 所示。

（4）将制作好的月牙饺生坯放进蒸笼，用旺火蒸制 6 min，出笼装盘。如图 2-3-1-11、图 2-3-1-12 所示。

月牙饺制作演示

◉ 图 2-3-1-1　工具准备

◉ 图 2-3-1-2　原料准备

◉ 图 2-3-1-3　调制面团

◉ 图 2-3-1-4　揉搓成团

◉ 图 2-3-1-5　搓条

◉ 图 2-3-1-6　下剂

◉ 图 2-3-1-7　擀皮

◉ 图 2-3-1-8　上馅

 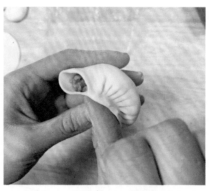

◉ 图 2-3-1-9　大拇指指关节　　◉ 图 2-3-1-10　推捏面皮成
　　　　　抵住　　　　　　　　　　　　瓦楞形褶子

◉ 图 2-3-1-11　旺火蒸制　　　◉ 图 2-3-1-12　出笼装盘

**（四）操作要求**

（1）面团要揉透、揉匀，软硬度适中。

（2）面皮要擀得圆且平，上馅时勿粘着边皮。

（3）推捏时面皮两边要对齐，角要拉平，捏出的褶子要整齐。

**（五）质量标准**

（1）形状：形如月牙，褶纹清晰均匀。

（2）口味：清香可口。

（3）规格：30g/只。

（4）组织：厚薄均匀，馅料居中。

（5）卫生：符合中式点心卫生要求。

# 实例 **2** ·········· 蒸饺

蒸饺必须使用烫面，大多用"三七"面，即七成烫面与三成冷水面揉和而成。瓦楞蒸饺为月牙形。包时一手握皮，上馅后合上，前后皮子要对均匀，捏时用力要轻，防止伤边。蒸饺的花式很多，如一品饺、飞轮饺、三叶饺、四喜饺、五峰饺、金鱼饺、知了饺、兰花饺、荷花饺、青菜饺、蜻蜓饺等。馅心种类也很多，所谓"百饺宴"就有上百个花式，上百种馅料。

**（一）用料**

面粉 500 g，素馅 760 g。

**（二）制法**

把面粉七成用开水烫面，三成用冷水和面，揉成均匀、光滑的面团，下成 50 个剂子，按扁，擀成直径 7 cm 的小圆片，右手打馅，包成月牙形小饺，屉上刷油，用旺火蒸熟。

**（三）操作要求**

（1）"三七"面要揉匀、揉透，软硬度适中。

（2）调制面团的加水量要适中，一般为每 500 g 面粉加 200～250 g 水。

（3）蒸时要求火大汽足，蒸约 10 min。

（4）边要捏紧，以免露馅、流汤。

**（四）质量标准**

（1）形状：月牙形（瓦楞状褶纹整齐、均匀）。

（2）色泽：玉色、透亮。

（3）口味：清香可口。

（4）组织：皮薄馅足，无露馅、流汤。

（5）规格：30 g/ 只（左右）。

（6）卫生：符合中式点心卫生要求。

**（五）同类产品**

产品品种随馅心的变化而变化。蒸熟后复煎，则口味更佳。

## 实例 3 ·········· 花式蒸饺

花式蒸饺品种繁多、手法多样，具有较高的艺术性，形态美观，形象逼真。花式蒸饺的面皮必须擀得厚度均匀，馅心必须软硬适中，咸味略轻、油略少，以免成熟后塌陷。花式蒸饺成熟均采用旺火沸水上笼，时间一般为 6～7 min，蒸得太久，成品易塌，影响美观。

下面介绍六种花式蒸饺的做法：

**（一）飞轮饺**

将面粉和成"三七"面团，摘成 30 只剂子，将剂子擀成直径 8 cm 的圆片，包入 10 g 馅心，面皮四等分向上复拢成四个孔洞，将对称的两个孔洞捏成两条边，自上而下用剪刀剪出锯齿形花边，并用手自上而下绞弯成双翅形，再用镊子在双孔上面翻出花边，然后将剩下的两个孔洞分别填入火腿末和蛋白末，上屉蒸熟。

## （二）鸳鸯饺

采用折捏的手法，擀皮、包馅后，先将两对皮子捏住，再用双手的拇指、食指、中指将另两面捏住，就形成了两个洞眼，再放入一些火腿以及虾仁末即可。

## （三）四喜饺

四喜饺又叫四方饺，也是采用叠捏方法成形。剂子擀成圆片后，托在左手，包入馅心，用右手把皮边提起来，先将两对皮子捏住，再将另两对皮子捏住，就成为四个角，形成四角八个边，从中间把互相挨着的两个边捏在一起。捏好后，从上向下看，饺子呈现四个大洞包住四个小洞，就成为四喜饺。大洞内放入火腿、海参、虾仁、鸡蛋等，小洞内则分别装入剁碎的黑木耳、香菇、青菜、玉兰片等即成。孔洞都不用封口，要求捏的四个大孔一样大，四个小孔也一样大，规格整齐。按此法做成三个洞眼的叫一品饺，五个洞眼的叫梅花饺或五峰饺。

## （四）金鱼饺

剂子擀成圆片后，第一步，从 1/3 的圆弧一面的皮翻起折拢，并捏成一个角，角内放入馅心。第二步，将 2/3 的圆弧皮向内推捏成鱼头形，留出两个洞为鱼眼，放入火腿末。第三步，在尖角处推出双花边，将折拢的圆弧皮向外翻出，用剪刀在圆弧处剪两刀，成为鱼尾，用花钳在尾部、背部钳出鱼鳍即成。

## （五）知了饺

剂子擀成两张圆皮，一张为白色、一张为褐色，褐色皮放在白色皮上面。第一步，将两张皮子的 1/3 与 1/3 圆弧处叠在一起，向白色皮一面折成 1/4，对折成两个角，包入馅心。第二步，将未折拢的 1/3 圆弧向两角的中间推一下，成为知了的眼和背。第三步，眼眶内放入虾仁和冬菇末，再将两角的褐色一片用双手推花手法推出花边，将折起的白边翻起成知了的两个翅膀形。

## （六）花边饺

花边饺与月牙饺相似，剂子擀成圆片，包入馅心，捏成半圆形，然后用大拇指在半圆形的一面前后推拉成双面花纹，捏好的花边饺用右手拇指和食指、左手食指对捏两下，使饺子弯曲一些，即为菱形饺。

其他还有如三叶饺、荷花饺、蜻蜓饺、鸽子饺等，形态各异，品种繁多。

注意事项如下：

（1）面团应稍硬，以免变形。

（2）蒸制时最好先定形约 1 min，再成熟。蒸的时间不能太长，以免成品坍塌，影响美观。

（3）该捏紧处一定要捏紧，以免松散。

## 实例 4 ·········· 锅贴

锅贴制皮、制馅、包捏的过程均和蒸饺相似，不同的主要有两点：一是采用"四六"面团，即四成烫面和六成冷水面揉成面团；二是采用煎的成熟方法，底壳脆香，面皮柔韧，别具风味。

锅贴的形状多数为月牙形，也有牛角状的。煎制的具体方法是：将平底锅烧热，刷油，锅贴整齐排列，摆入锅内。稍煎一会儿，加入适量的凉水，盖好锅盖，用中火焖至水快干时，洒一些稀面浆（用水和少许面粉调和而成），再盖上锅盖，待水浆快干时，揭盖，再洒些油，盖上盖煎。要不停地转动平底锅，使锅贴均匀受热，防止部分烧焦，待有"喳喳"声响、香味扑鼻、饺底呈金黄色时，可揭盖按一下面皮，如皮柔软有弹性，就可用铁铲将锅贴从底铲出，翻放入盘。

## 实例 5 ·········· 无锡小笼包

**（一）用料**

面粉 75 g，猪腿肉 80 g，皮冻 60 g，老酵 50 g，葱姜末 3 g，味精 2 g，食用碱少许，黄酒 10 g，精盐 2 g，酱油 2.5 g，绵白糖 4 g。

**（二）制法**

（1）将面粉从中间扒开一个凹窝，用 80 ℃热水和面，加入老酵、食用碱，揉和成滑韧、无黄色斑点的面团。搓条后摘成大小相等的 10 个剂子。

（2）猪腿肉洗净剁成肉糜，加精盐、酱油、黄酒拌和，搅至起黏性后，加适量清水，再用力搅拌后，掺入皮冻，加味精、葱姜末、绵白糖拌和成馅。

（3）将剂子擀成直径 6 cm 的圆片，包入馅心，沿边捏成约 20 个褶纹的生坯。

（4）将生坯放入衬有松针或草垫的笼屉内，以沸水旺火蒸 7 min 即成。

**（三）特点**

皮薄卤多，葱姜溢香。

## 实例 6 ·········· 家常饼

水面的饼类制品，基本上都是用烙的加热方法，有的用煎法成熟。主要包括家常饼、薄饼、馅饼、清油饼等大类。

家常饼一般 100 g 一张，每 500 g 面粉掺水 250～300 g（一半用烫面，一半用冷水面，一起揉和成面团），下成 100 g 一个的剂子，将剂子擀成长方形片，刷上芝麻油，由外向里叠起来，拿住一端伸长，由一端向里卷（或两端一起向里卷），盘成螺蛳形，用擀面杖擀成圆饼形。锅上稍淋点油，把擀好的饼坯先烙一面成淡黄色，再烙另一面（翻面时饼上刷点油），烙熟后，先用手拍得松软一些，再用手把层次促开即成。家常饼呈金黄色，外松里软，筋道适口。

用家常饼的制法，加些配料可制出很多品种，如葱花饼、脂油葱花饼、麻酱饼、清糖饼等。

## 实例 7 ·········· 薄饼

薄饼又分为大小荷叶饼。大的又叫春饼，一般都是两层合饼。

1. 大荷叶饼

一般每 500 g 面粉用油 15 g。面团要求与和面方法同家常饼，揉匀、搓条，下成 50 g 一个的剂子，用手按成扁圆形，刷油要刷匀，上面再撒"铺面"，并用笤帚将铺面扫下。将两个饼坯的油面相对叠，用擀面杖擀开。擀时先横过来推拉擀，转圈擀圆，再横过来擀成长圆，最后再用面杖擀圆，即擀成直径 30 cm 的圆形饼。上锅，把一面烙成六七成熟时，翻面，待底面烙成七八成熟时，再翻面，用手将上下两层揭开再合上，再翻面，烙熟，叠成三角形，摆盘上桌即可。

2. 小荷叶饼

制法同前，每 50 g 面团下成 4 个小剂子，每个小剂子擀成直径 13 cm 的圆形。小荷叶饼适宜伴烤鸭食用，俗称鸭饼。

● 想一想

1. 什么叫"三七"面？如何调制"三七"面？

2. 如何克服花式蒸饺易变形的问题？

3. 饼类制品主要包括哪几大类？列举各类典型产品。

● 做一做

1. 60 min 完成 10 个不同花式的蒸饺制作。

2. 制作 4 种以上不同品种的饼类产品。

3. 自选总盆一个，从和面开始，在 90 min 内完成，每个总盆应有 12 件产品。

## 评分标准

### （一）单项产品

| 评分项目 | 标准分 | 减分幅度 | | | | 扣分原因 | 实得分 |
|---|---|---|---|---|---|---|---|
| | | 优 | 良 | 中 | 差 | | |
| 色泽 | 15 | 1～2 | 3～5 | 6～8 | 9～14 | | |
| 形态 | 15 | 1～2 | 3～5 | 6～8 | 9～14 | | |
| 组织 | 20 | 1～3 | 4～7 | 8～10 | 11～19 | | |
| 口味 | 20 | 1～3 | 4～7 | 8～10 | 11～19 | | |
| 火候 | 15 | 1～2 | 3～5 | 6～8 | 9～14 | | |
| 现场过失 | 15 | 1～2 | 3～5 | 6～8 | 9～14 | | |

### （二）总盘产品

| 评分项目 | 标准分 | 减分幅度 | | | | 扣分原因 | 实得分 |
|---|---|---|---|---|---|---|---|
| | | 优 | 良 | 中 | 差 | | |
| 主题 | 10 | 1～2 | 3～4 | 5～6 | 7～9 | | |
| 艺术性 | 15 | 1～3 | 4～5 | 6～7 | 8～14 | | |
| 色泽 | 10 | 1～2 | 3～4 | 5～6 | 7～9 | | |
| 形态 | 15 | 1～3 | 4～5 | 6～7 | 8～14 | | |

| 评分项目 | 标准分 | 减分幅度 | | | | 扣分原因 | 实得分 |
|---|---|---|---|---|---|---|---|
| | | 优 | 良 | 中 | 差 | | |
| 组织 | 15 | 1～3 | 4～5 | 6～7 | 8～14 | | |
| 口味 | 15 | 1～3 | 4～5 | 6～7 | 8～14 | | |
| 火候 | 10 | 1～2 | 3～4 | 5～6 | 7～9 | | |
| 现场过失 | 10 | 1～2 | 3～4 | 5～6 | 7～9 | | |

# 项目三
# 膨松面团

#### 项目介绍

　　此项目介绍膨松面团，膨松面团是在调制面团过程中加入适当填料调制的方法，使面团发生生物化学反应、化学反应和物理变化，从而使面团组织产生空洞，变得膨大疏松。膨松面团的制品松软适口，有特殊的风味。目前使用的膨松方法分为生物膨松法、化学膨松法和物理膨松法三种。

#### 学习目标

**终极目标**

　　了解膨松面团各品种的原料配比。

　　熟悉膨松面团的发酵原理以及影响发酵的因素。

　　掌握膨松面团常见品种的调制方法。

　　熟练掌握发酵的技艺及其操作要领。

　　掌握1～2道创新膨松面团制品的制作工艺。

**过程目标**

　　通过制作中的互帮互助，培养集体主义精神及交际能力。

　　养成良好的操作习惯。

# 生物膨松法

## 主题知识

### 一、什么是"生物膨松面团"

生物膨松面团是指采用生物膨松法调制而成的面团。在调制过程中，添加适量的酵母或酵种（又称面肥等），利用酵母菌繁殖发酵，起生物化学反应，使面团膨胀疏松。在教学过程中常采用此发酵方法。

生物膨松法又叫发酵法，使用发酵法调制的面坯称为发酵面坯。目前的发酵法主要有面肥发酵和酵母（包括压榨鲜酵母和活性干酵母）发酵两类。

**（一）面肥发酵**

面肥发酵主要分三步：制面肥、制酵面、加碱。面肥的作用是催发酵面，不用于制作成品。酵面，即加面肥的酵母面团，用于制作成品。用此酵面制作的品种多，要求又不同，主要运用大酵面、嫩酵面、碰酵面、戗酵面四种方法进行制作。加碱，就是对发好的酵面加入食用碱或碱水，去除酸味。这三个环节中的任何一个环节做得不好，都会直接影响酵面的质量。

1. 制面肥

一般是将当天剩下的酵面加水扒开，兑入面粉揉和，在专门的发酵缸内进行发酵，成为第二天使用的新面肥。夏季 25 kg 面粉掺 1～1.5 kg 酵面，发酵 4～5 h 即可；春秋季节 25 kg 面粉掺 1.5～2 kg 酵面，发酵 7～8 h；冬季 25 kg 面粉掺 2.5～3 kg 酵面，发酵 10 h 左右或更长一些。面团易软，每 500 g 面粉约掺水 300 g。如没有当天的面肥，就得按下列方法培养酵母。

（1）白酒培养法（高粱酒） 每 500 g 面粉掺酒 100～150 g，掺水 200～250 g，经过 7 h 左右的发酵就能形成新面肥。

（2）酒酿培养法 每 500 g 面粉掺酒酿 250 g 左右，掺水量同上，揉成团装于盆内，盖严，经过 7 h 左右的发酵即可胀发成新面肥。

2. 制酵面

用面肥掺入面粉中催发出来的各类适用制作面点的面团，一般称为酵面。

（1）大酵面 加面肥调制成团后，一次发足的面团。其制成品暄软，主要适用于馒头、花卷、大包等。

（2）嫩酵面　也叫小发面，是一种没有发足的酵面，发酵时间较短，一般为大酵面的1/2或1/3。主要适用于带汤汁的软馅品种，如镇江汤包、小笼包等。

（3）碰酵面　加入面肥后即可制作的面团，也有的称其为半酵面，用途类似大酵面，但成品质量不如大酵面好，用面肥较多，一般为四成面肥、六成面粉混合在一起，掺入水和适当的碱，调制均匀即可制作成品。

（4）戗酵面　在酵面中戗入干面粉，揉搓成团，制作成品。主要有两种戗法。一种是用大酵面（兑好碱的）戗入30%～40%的干面粉调制而成。用它做的成品，吃口干硬，筋道、有咬劲，如戗面馒头、高桩馒头。另一种是用面肥戗入50%的干粉调制成团，进行发酵，发足发透后加碱和糖制作产品。做出的成品表面开花、柔软、香甜，但没有嚼劲，如开花馒头。

3. 加碱

加碱是发酵面团的重要环节，也是技术的关键。

（1）用碱量　大酵面1%，嫩酵面0.5%～0.3%，碰酵面1%，戗酵面1.2%。

夏季易跑碱，要多用些碱，冬季应减少用碱量，还要根据面团的发酵程度来决定碱量，加碱才能合适。

（2）加碱法　将酵面中间扒一个窝，倒入碱水，反复揉、揣，一直揉到碱均匀分布在面团中。

（3）验碱法　加碱后，对碱大碱小的检查常用以下几种方法：嗅、尝、看、听、抓、烤、烫等。除此之外，还有蒸样增（减）碱法。即先蒸出一个正碱的样板，然后对新蒸出的面团进行比较，酌情增、减碱量。

**（二）酵母发酵**

酵母发酵法与面肥发酵法比，有安全、卫生、营养好、操作简便、发酵周期短等特点。酵母发酵法主要有压榨鲜酵母和活性干酵母两种。

1. 压榨鲜酵母调制工艺

取20 g压榨鲜酵母，加入适量温水（30℃）稀释，再加入1 000 g面粉、适量的水、糖和成面团，静置饧发后即可发酵。采用此种发酵法应注意两点：① 发酵液不可久置，否则易酸败变质；② 压榨鲜酵母不能与盐、高浓度糖液、油脂直接接触，否则因渗透压作用会破坏酵母细胞，影响面团的正常发酵。

2. 活性干酵母调制工艺

将10 g干酵母溶于50 g 30℃的温水中，加入10 g糖，使酵母恢复生理机能，加速繁殖，静置30 min后，加入500 g面粉及适量的水和成面团，再次静置饧发，即可发酵，这也称二次发酵法。将酵母、糖、温水、面粉一次混合而成的发酵法，又称为一次发酵法。目前，大都采用这种方法发酵。

## 二、生物膨松面团调制工艺

生物膨松面团又称发酵面团，是由生物膨松剂、面粉、水等调制而成的，具有疏松、柔软、略带筋性和可塑性等特点。

1. 配方

生物膨松面团配方见表3-1-1。

表3-1-1　生物膨松面团配方

| 品种 | 原料 /g | | | | | |
|---|---|---|---|---|---|---|
| | 面粉 | 酵母 | 盐 | 糖 | 奶油 | 水 |
| 普通酵母 | 500 | 10 | | | | 250 |
| 面包 | 500 | 10 | 1.25 | 75 | 37 | 200 |

2. 工艺流程

一次发酵法

3. 施碱工艺原理

随着发酵作用的进行，面团中的醋酸菌、乳酸菌也随之发酵，使面团酸度增高。酸度增加，使产品风味受影响。施碱能中和面团中的酸，使酸度下降，酸味减轻。其过程如下：

$$2CH_3COOH + Na_2CO_3 \longrightarrow 2CH_3COONa + H_2O + CO_2\uparrow$$

由方程式可以看出，施碱可以中和面团中的酸，还可以产生气体，进一步使面团松发、暄软。

## 三、生物膨松面团的特点

生物膨松面团成品色泽较白，吃起来爽口有筋性，一般适用于水煮和烙的品种。

## 四、生物膨松面团调制方法

生物膨松面团的调制是将面粉倒入盆中或倒在案板上，掺入酵母和温水，边加水边搅拌。加水基本上分为三次，第一次加70%左右的水将面粉揉搓成雪花状；第二次加20%左右的水，将面揉成团；第三次根据面团的软硬度加水，一般为 10% 左右。根据制作产品确定加水量，同时也需根据气候以及面粉的质量等情况调整加水量。

## 五、调制生物膨松面团的注意事项

面团调制好以后，放在案板上，盖上干净湿毛巾（或装入保鲜膜）静置一段时间，即为饧面。饧面的时间一般在 15 min 左右。

### 1. 控制温度

温度在 15～35 ℃是合理的发酵温度范围。在这一区间内，温度每升（降）5℃，产气速度的增（减）幅约为 25℃时的 20%～40%。温度增高，不仅会促使酶的活性加强，使面团持气性变差，而且有利于乳酸菌、醋酸菌的繁殖，使制品酸味加重。

### 2. 控制水量

含水量多的软面团，产气性好，持气性差；含水量少的硬面团，持气性好，但产气性差。

### 3. 下料适当

酵母的用量占面粉用量的 2%，糖的用量不超过 15%，盐不超过 3%，油脂在 7% 以下。若油、糖、盐的用量过多，则对面筋的形成有抑制作用，从而影响持气性。若酵母用量少，则发酵慢，用量过大，也会引起发酵力的减退。


≋ **面点工作室** ≋


**实例1** ········· **豆沙包**


豆沙包，也称作豆蓉包，以豆沙为馅料，软而不腻，为起源于京津地区的传统小吃。豆沙馅的做法是将红小豆去皮，弄碎煮烂，加糖，再用油炒制。

**（一）用料**

面团：面粉 200 g，猪油 5 g，绵白糖 15 g，水 92 g，干酵母 2.5～4 g。

馅心：豆沙 13 g/ 个。

**（二）流程**

原料准备→揉面成团→搓条下剂→擀皮→包入豆沙馅→饧发→蒸制

**（三）制作方法**

（1）准备好工具，如图 3-1-1-1。

（2）调制面团。将面粉倒在案板上，中间挖一凹坑，将干酵母、绵白糖放在中间，加适量水调开，如图3-1-1-2。再将剩下的水和面粉一起和成面团，揉至面团光洁、均匀，备用，如图3-1-1-3。

（3）成形工艺。将揉好的面团搓成粗细均匀的剂条，如图3-1-1-4，再将剂条下成大小一致的剂子，如图3-1-1-5。

（4）包馅。擀制好面皮备用，将搓好的豆沙馅包入面皮中。将面皮置于右手虎口位置，将馅心放入面皮中间，用左手大拇指往下按馅心，虎口处不断向里捏起收口，将收口多余的地方用剪刀剪平，收口朝下放置，依次按此方法完成剩下的制作，如图3-1-1-6。

（5）饧发。将纱布浸湿铺在蒸屉上，将做好的豆沙包生坯放到蒸笼中，先不开火，让豆沙包生坯在温度25～28 ℃的地方饧发20 min，如图3-1-1-7。直至生坯体积膨大，微微发白，并且富有弹性，如图3-1-1-8。

（6）成熟。蒸笼放入锅中蒸制8 min，如图3-1-1-9。出笼，装盘，如图3-1-1-10。

**实训过程**

豆沙包制作演示

◎ 图3-1-1-1 工具准备

◎ 图3-1-1-2 和面

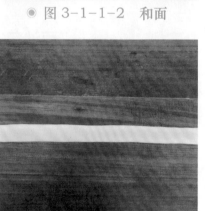

◎ 图3-1-1-3 揉成面团　　　　◎ 图3-1-1-4 搓条

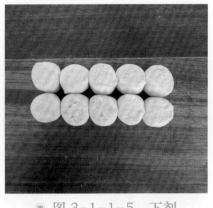
◉ 图 3-1-1-5　下剂

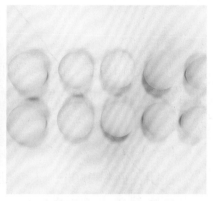
◉ 图 3-1-1-6　包入豆沙

◉ 图 3-1-1-7　饧发

◉ 图 3-1-1-8　饧发完成

◉ 图 3-1-1-9　上笼蒸制

◉ 图 3-1-1-10　成品

**（四）操作要求**

（1）搓圆的过程中，要求面光、紧实、面团表面无明显裂痕。

（2）饧发的过程中，温度一般掌控在 37～40 ℃。

（3）蒸制好后注意不要立刻揭盖，静置 3 min，等蒸笼盖上的热气消失后再开。

**（五）质量标准**

成品色泽洁白，香味浓郁，表面光滑。规格大约 30 g/ 个。

## 实例 2 ·········· 花卷

花卷是和包子、馒头类似的面食，是一款经典、家常的主食，可以做成椒盐、麻酱、葱油等各种口味。花卷营养丰富，味道鲜美，做法简单。将面制成薄片拌好作料后卷成半球状，蒸熟即可。

**（一）用料**

面团：面粉 250 g，干酵母 3 g，绵白糖 15 g，水 120 g。

作料：盐、油、葱花、味精、色拉油适量。

**（二）流程**

原料准备→和面→擀成长方形→涂油、撒盐、撒葱→卷起→切制→叠起按压成形→放入蒸笼饧发→蒸制装盘

**（三）制作方法**

（1）准备好原料及工具，如图 3-1-2-1、图 3-1-2-2 所示。

（2）调制面团的过程同豆沙包，如图 3-1-2-3、图 3-1-2-4 所示。

（3）成形工艺。将饧发好的面团用擀面杖擀成长 40 cm、宽 20 cm 的长方形面片，如图 3-1-2-5。刷上一层色拉油，再均匀地将盐、少许味精、葱花撒在擀好的面片上，如图 3-1-2-6。

（4）卷成粗细均匀的长条状，如图 3-1-2-7。用刀切成宽 5 cm 左右的剂子，如图 3-1-2-8。

（5）取一只剂子用双手捏住两端略伸一下，然后将其折叠成"S形"。用筷子在中间按压一下，使有层次的刀口向上翻起，饧发。将纱布浸湿铺在蒸笼屉上，将做好的花卷生坯放入蒸笼，先不开火，让花卷生坯在温度 25～28 ℃的地方静置饧发 20 min，使花卷生坯体积膨大。

（6）成熟。用大火蒸制 8 min，取出装盘，如图 3-1-2-9、图 3-1-2-10。

**实训过程**

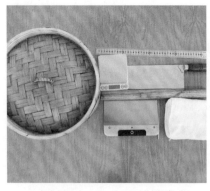

◉ 图 3-1-2-1　工具准备

◉ 图 3-1-2-2　原料准备

花卷制作演示

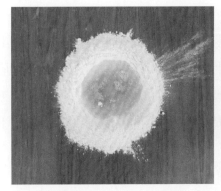

◉ 图 3-1-2-3　和面

◉ 图 3-1-2-4　揉成面团

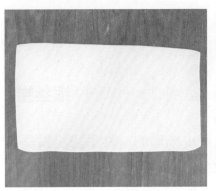

◉ 图 3-1-2-5　擀成长方形

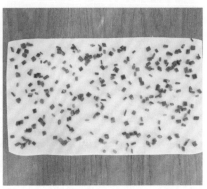

◉ 图 3-1-2-6　将盐、味精、葱花均匀地撒在面片上

◉ 图 3-1-2-7　搓成条

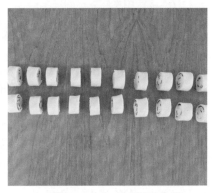

◉ 图 3-1-2-8　切成段

◉ 图 3-1-2-9　上笼蒸制

◉ 图 3-1-2-10　成品

## （四）操作要求

（1）调制面团时，注意原料的配方比例是否合理，掌握面团的软硬度、掺水量等。

（2）要掌握好面团的发酵程度，使其松软中带有一定的韧性。

（3）卷的时候面片的两端要整齐，而且要卷紧，防止夹在中间的作料掉落。

（4）蒸制花卷时，一定要待水烧沸后再放上蒸笼。蒸制时间不宜过长，否则会导致成品粘底且颜色过深。

## （五）质量标准

洁白有光泽，呈马鞍形，层次清晰，饱满、暄软、膨松有弹性，口味咸鲜，有浓郁的葱香味。

# 实例 3 ………… 银丝卷

银丝卷是由面团切丝包入面皮成形的一种手法。银丝卷以制作精细、面内包以银丝缕缕而闻名，除蒸食以外还可入炉烤至金黄色，也有一番风味，经常作为宴会点心。银丝卷色泽洁白，入口柔和香甜，软绵油润，余味无穷。银丝卷是特色传统小吃，亦是京津地区著名小吃。

## （一）用料

面粉 250 g，糖粉 15 g，水 118 g，酵母 2.5～4 g，色拉油适量。

## （二）流程

原料准备→揉面成团→擀成长方形→取适量切丝→包入丝卷→切制饧发→蒸制装盘

## （三）制作方法

（1）准备好原料及工具，如图 3-1-3-1、图 3-1-3-2 所示。

（2）调制好面团，制作过程同豆沙包。饧发备用，如图 3-1-3-3、图 3-1-3-4。

（3）成形工艺。将饧发好的面团擀成长 40 cm、宽 20 cm 的长方形面片，再将面片分为大小两片，如图 3-1-3-5。将其中大的一片切成细长条，如图 3-1-3-6，刷上一层色拉油，卷入另一片面片中，卷成筒状，如图 3-1-3-7。最后再用刀切成段，成银丝卷生坯，如图 3-1-3-8。

（4）饧发。将纱布浸湿铺在笼屉上，将做好的银丝卷生坯放入蒸笼中，先不开火，让银丝卷生坯在温度 25～28 ℃的地方静置饧发至生坯体积膨大，且微微发白，如图 3-1-3-9。

（5）成熟。将水烧沸，再将蒸笼放入锅中，用大火蒸制 8 min 即可取出装盘，如图 3-1-3-10。

银丝卷制作演示

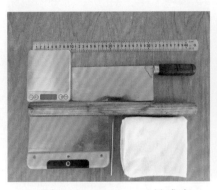

◉ 图 3-1-3-1　工具准备

◉ 图 3-1-3-2　原料准备

◉ 图 3-1-3-3　和面

◉ 图 3-1-3-4　揉成面团

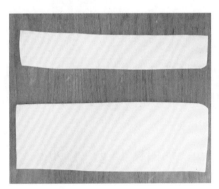

◉ 图 3-1-3-5　面片分为大小
两片

◉ 图 3-1-3-6　将其中一片切
成细长条

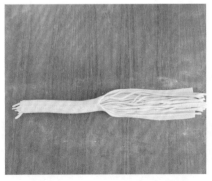

◉ 图 3-1-3-7　卷成筒状

◉ 图 3-1-3-8　切成段成生坯

◉ 图 3-1-3-9　饧发

◉ 图 3-1-3-10　成品

**（四）操作要求**

（1）擀制的面片厚薄一定要均匀。

（2）面片切成细长条时，注意粗细一定要均匀，切完要刷一层油，防止细长条之间粘连在一起。

（3）注意控制面团的发酵时间，掌握好发酵的程度。

**（五）质量标准**

成品色泽洁白，香味浓郁，丝均匀，规格长约 4 cm。

# 实例 4 ·········· 秋叶包

秋叶包是发面类中的一种，也被称为柳叶包、麦穗包、枫叶包，其外形漂亮，深受广大人民喜爱，属于江苏小吃。秋叶包形似秋叶，表皮膨胀，肉质鲜嫩。

**（一）用料**

面团：面粉 200 g，干酵母 3 g，绵白糖 15 g，水 90 g。

馅心：豆沙 80 g。

**（二）流程**

原料准备→调制馅心→和面→揉面→搓条→下剂→擀皮→上馅→成形→饧发→蒸制→成熟装盘

**（三）制作方法**

（1）准备好原料和工具。其中要将豆沙搓成 13 g 一个的水滴状。如图 3-1-4-1、图 3-1-4-2 所示。

（2）调制面团。将面粉倒在案板上，中间挖一凹坑，将干酵母、绵白糖放在中间，加适量水调开，如图 3-1-4-3。再将剩下的水和面粉一起和成面团，揉至面团光洁、均匀，备用，如图 3-1-4-4。

（3）将揉好的面团搓成条，下成 10 个剂子并擀成圆片，如图 3-1-4-5、图 3-1-4-6。

（4）成形工艺。将馅心放在面皮上，压紧摊平，拇指和食指放在面皮靠近身体一侧的底部，同时向里稍稍用力捏紧。食指捏住第一个褶往对应的方向向里收紧，捏牢。拇指捏住现有的褶再往反方向向里收紧，捏牢。以此类推，拇指和食指交替完成捏褶，直到末尾，整理成形，如图 3-1-4-7。

（5）在 25℃左右的环境中饧发 30 min，待体积增大、手指按压能回弹恢复如初，用沸水大火蒸制 8～10 min 即可取出食用，如图 3-1-4-8 至图 3-1-4-10。

**实训过程**

秋叶包制作演示

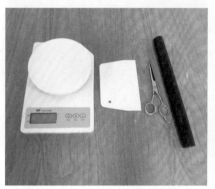

◉ 图 3-1-4-1　工具准备

◉ 图 3-1-4-2　原料准备

◉ 图 3-1-4-3　和面

◉ 图 3-1-4-4　揉成面团

◉ 图 3-1-4-5　搓条、下剂

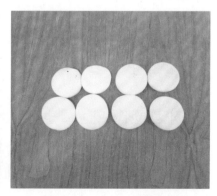

◉ 图 3-1-4-6　擀成圆片

◉ 图 3-1-4-7 成形

◉ 图 3-1-4-8 饧发秋叶包

◉ 图 3-1-4-9 上笼蒸制

◉ 图 3-1-4-10 成品

**（四）操作要求**

（1）调制面团时的水温在 30 ℃ 左右，以便让干酵母更有效地发挥作用；面团要揉透，光洁度要好；饧发时间要控制适当。

（2）严格掌握面粉与其他各种辅料的比例。

（3）包捏的技法要准确，褶纹要清晰；成品的大小要一致、形态美观、色泽洁白。

（4）注意控制发酵的时间，同时注意发酵的程度。

**（五）质量标准**

洁白有光泽，形如树叶，饱满、挺拔、暄软、膨松、有弹性，有浓郁的豆沙香味，褶纹工整对称。

## 实例 5 ·········· 土豆包

土豆包形似土豆，也是发面类点心的一种，其外形逼真，深受人们的喜爱。

**（一）用料**

面粉 250 g，水 92 g，猪油 5 g，吉士粉 5 g，可可粉 50 g，豆沙馅 50 g。

**（二）流程**

原料准备→和面→下剂、擀皮→上馅→成形→饧发→蒸制→成熟装盘

**（三）制作方法**

（1）准备好工具和原料，如图3-1-5-1、图3-1-5-2。

（2）调制面团。将面团中间扒出一个凹塘，将猪油放入凹塘，酵母倒入水中搅拌均匀，把调制好的酵母水倒入凹塘，将面团揉搓成团，如图3-1-5-3、图3-1-5-4。

（3）将揉好的面团搓条，下成每个重约25 g的剂子，按扁，擀成圆皮，如图3-1-5-5、图3-1-5-6。

（4）将豆沙馅揉搓成圆球，面皮放在右手虎口处，放上馅心，用左手大拇指按压馅心，右手的虎口不断捏起来收口，如图3-1-5-7、图3-1-5-8。

（5）将收好口的面团捏塑成土豆形状，在表面刷上适量可可粉，并用牙签扎上深浅、大小不一的孔洞，如图3-1-5-9、图3-1-5-10。

（6）将包制完成的土豆包生坯放在25～30 ℃的地方静置饧发20 min，待生坯体积增大，手指按压后能迅速回弹恢复原状时，再将其上笼以沸水大火蒸制8～10 min，蒸熟取出即可，如图3-1-5-11、图3-1-5-12。

**实训过程**

◉ 图3-1-5-1　工具准备

◉ 图3-1-5-2　原料准备

◉ 图3-1-5-3　和面

◉ 图3-1-5-4　揉成面团

◉ 图 3-1-5-5　搓条、下剂

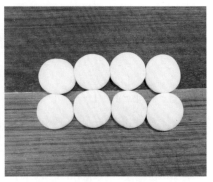

◉ 图 3-1-5-6　按扁，擀成圆皮

◉ 图 3-1-5-7　上馅

◉ 图 3-1-5-8　收口成形

◉ 图 3-1-5-9　在表面刷上适量可可粉

◉ 图 3-1-5-10　用牙签扎上孔洞

◉ 图 3-1-5-11　上笼蒸制

◉ 图 3-1-5-12　成品

**（四）操作要求**

（1）调制面团的水温在 30 ℃左右，以便干酵母能更有效地发挥作用。

（2）掌握好面粉与干酵母、绵白糖和水的比例。

（3）发酵面团必须揉匀、揉透，才能使成品松发、柔软、光洁。

（4）蒸制时必须将水烧沸再将蒸笼放入，以大火蒸制。

**（五）质量标准**

形似土豆，表面光滑，造型美观逼真。

## 实例 6 ·········· 刺猬包

刺猬包是一款以面粉以及酵母等为主要原料制作而成的面食。其制作过程较为简单，易上手，具有口感松软、造型独特等特点。可根据个人口味和喜好添加不同的馅料。

**（一）用料**

面团：面粉 500 g，绵白糖 50 g，干酵母 5 g，泡打粉 5 g，水 250 g。

馅心：豆沙 350 g。

**（二）流程**

原料准备→馅心准备→和面→下剂、擀皮→上馅→成形→整形→饧发→蒸制

**（三）制作方法**

（1）准备工具及原料，如图 3-1-6-1、图 3-1-6-2。

（2）将面粉过筛与泡打粉、干酵母一起拌匀，加入水、绵白糖和成面团，如图 3-1-6-3、图 3-1-6-4。

（3）将面团揉搓光滑，搓成粗细一致的条状，下剂，如图 3-1-6-5。

（4）每个剂子中包入约 15 g 馅心，然后捏拢收口，收口向下，搓成水滴状，用剪刀在其背部剪出刺。开头的刺要剪得短一点，并且每根刺的粗细长短要保持一致，刺猬的刺看上去要呈交错形。在水滴状细小的一端剪出嘴巴，再在头部粘上两颗黑芝麻即可。如图 3-1-6-6、图 3-1-6-7。

（5）将生坯放入笼内，温度保持在 37～45 ℃，饧发 20～30 min，待生坯膨胀至原来体积的 1.5 倍左右即可，如图 3-1-6-8。

（6）用旺火蒸约 10 min 即可出笼，如图 3-1-6-9、图 3-1-6-10。

图 3-1-6-1　工具准备

图 3-1-6-2　原料准备

刺猬包制作演示

图 3-1-6-3　和面

图 3-1-6-4　揉成面团

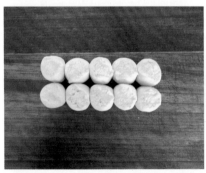

图 3-1-6-5　搓条下剂

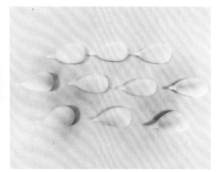

图 3-1-6-6　上馅捏拢收
口，搓成水滴状

图 3-1-6-7　用剪刀在其背
部剪出刺

图 3-1-6-8　饧发

◉ 图 3-1-6-9　上笼蒸制　　　　◉ 图 3-1-6-10　成品

**（四）操作要求**

（1）当环境温度低时，调制面团的水温应在 30 ℃左右，以便干酵母更有效地发挥作用；环境温度较高时，应用冷水调面，并且要适当减少干酵母的使用量，防止面团发酵过快。

（2）掌握好面粉与干酵母、绵白糖和水的比例。

（3）发酵面团必须揉透，才能使成品洁白、光洁、柔软。

（4）剪刺时要确保每根刺都是与前排错开插空的，而且要防止手碰到刺猬侧面的刺。

**（五）质量标准**

状如刺猬，饱满、洁白、有光泽，规格一致，质地膨松柔软，皮暄软可口，馅香甜，造型逼真。

## 实例 **7**　·········　**鲜肉中包**

鲜肉包据传由三国时期诸葛亮发明。鲜肉中包是发酵面团制作的，松软可口，营养丰富，是餐桌上必不可少的主食之一。

**（一）用料**

面团：面粉 250 g，干酵母 3 g，绵白糖 20 g，水 120 g。

馅心：猪前夹心肉 150 g，水（皮冻末）70 g，葱花 60 g，生姜末、盐、味精、酱油、绵白唐、料酒、蚝油、芝麻油少许。

**（二）流程**

原料准备→调制馅心→和面→下剂、擀皮→上馅→成形→饧发→蒸制→成熟装盘

**（三）制作方法**

（1）准备好原料及工具，如图 3-1-7-1、图 3-1-7-2。

（2）调制面团的步骤同豆沙包，揉好以后饧发待用。如图 3-1-7-3、图 3-1-7-4。

（3）制馅。将猪前夹心肉剁成肉末后，加入适量生姜末、盐、料酒、酱油、绵白糖、蚝

油、味精等，搅拌均匀后，将水分三次加入肉末中，顺着一个方向将肉末搅打至充分上劲，吃足水分（直接加切好的皮冻末也可以）。然后放入葱花、芝麻油，搅拌均匀即可。

（4）成形。将揉好的面团搓成条，下成10个剂子并擀成圆皮。用左手托皮，手指向上弯曲，使皮在手中呈凹形，右手挑抹上馅。用右手拇指、食指提褶包捏一圈，收口成"鲫鱼嘴"即成（注意在成形过程中不得吹风，防止生坯干裂）。如图3-1-7-5至图3-1-7-10。

（5）成熟。在25℃左右的环境中静置30 min，待生坯体积增大、手指按压能回弹恢复原状时，上笼用沸水大火蒸制8～10 min即可取出食用。如图3-1-7-11、图3-1-7-12。

**实训过程**

◎ 图3-1-7-1　工具准备

◎ 图3-1-7-2　原料准备

鲜肉中包制作演示

◎ 图3-1-7-3　和面

◎ 图3-1-7-4　揉成面团

◎ 图3-1-7-5　搓条、下剂

◎ 图3-1-7-6　压平

◉ 图 3-1-7-7　擀皮　　　　　◉ 图 3-1-7-8　上馅

◉ 图 3-1-7-9　提褶包制　　　◉ 图 3-1-7-10　制成生坯

◉ 图 3-1-7-11　上笼蒸制　　　◉ 图 3-1-7-12　成品

**（四）质量标准**

质地膨松，暄软可口，洁白鲜美。

**（五）同类产品**

苹果包、柿子包等。采用同样的面团还可制作各种卷类点心，如蝴蝶卷、双桃卷、猪蹄卷等。

## 实例 **8** ·········· **刀切馒头**

**（一）用料**

面粉 100 g，面肥 15 g，食用碱 1 g，温水 40 g。

**（二）流程**

和面→发酵→兑碱→揉面→搓条→下剂→饧发→成熟

**（三）制作方法**

（1）将 50 g 面粉放在案板上，打成圈，投入 15 g 面肥、40 g 温水，揉成面团，盖上湿布，静置发酵。

（2）面团发起发足后，将剩余的 50 g 面粉放在案板上，把发起的面团放在面粉上撑开，加入适量溶化好的碱水，揉匀揉透，直至全部面粉揉进面团中，面团表面光滑为止。

（3）将加好碱的面团，搓成粗细均匀的长条，用刀从左至右切成重约 60 g 的生坯。

（4）将生坯整齐码放在蒸笼里，饧发片刻，用旺火蒸制约 20 min，至暄软不粘手即可。

**（四）操作要求**

面团起发适度，投碱量要准确。

**（五）质量标准**

色泽洁白，形态饱满，松软光滑，气孔细密，弹性良好。

## 实例 **9** ·········· **高桩馒头**

**（一）用料**

面粉 500 g，食用碱 5 g，温水 175 g，面肥 50 g。

**（二）流程**

和面→发酵→兑碱→揉面→搓条→下剂→成形→饧发→成熟

**（三）制作方法**

（1）将面粉打圈，投入 50 g 面肥、175 g 温水，揉和成面团，盖上潮布，静置发酵。

（2）面团发足后，加溶化好的碱水，饧入 150~200 g 的干面粉，反复揉搓。

（3）将光滑后的饧面面团搓成粗细均匀的长条，用挖剂的方法下成重 60 g 的剂子。

（4）将下好的剂子揉成顶部为半圆球状、直径约 3 cm、高 7 cm 的圆柱状，并在 28 ℃的温度下饧发 20 min 左右。将生坯放入屉内，用旺火蒸制 20 min。

**（四）操作要求**

面团起发要适度，投碱量要准确。

**（五）质量标准**

色泽洁白，形态直立圆正，光亮润滑，吃口干硬，富有嚼劲，麦香气浓。

## 实例 10 ········· 荷叶卷

**（一）用料**

面粉 500 g，面肥 200 g，食用碱 5 g，芝麻油 15 g，温水 250 g。

**（二）流程**

和面→发酵→兑碱→揉面→搓条→下剂→成形→成熟

**（三）制作方法**

（1）和面、兑碱的操作方法同前。

（2）将兑好碱的面团搓成直径 5 cm 的长条，揪成 28 个剂子，逐个擀成直径 8 cm 厚薄均匀的圆片，刷上芝麻油，将面片对折成半圆形，再叠成三角形，用木梳在三角形的尖部划出花纹，再用竹尺划出放射形的直线，然后在三角形外弧圆边用竹尺向里挤上 3~4 个缺口，呈荷叶卷起状，饧发片刻，用旺火蒸 10 min。

**（四）操作要求**

面团起发适度，投碱量要准确。

**（五）质量标准**

色泽洁白，外形美观，入口松软。

**（六）同类产品**

蝴蝶卷、花卷、银丝卷、夹桃卷等。

## 实例 11 ········· 钳花包

**（一）用料**

大酵面 200 g，细豆沙 100 g，食用碱 5 g，红曲米水适量。

**（二）流程**

和面→发酵→兑碱→揉面→搓条→下剂→包馅→成形→成熟

**（三）制作方法**

（1）酵面兑碱揉透，搓条摘成 10 个剂子，剂子拍成皮，每张皮包入 10 g 馅心，收口捏紧朝下放。然后用花夹沿生坯的四周均匀地夹上细密长条花纹。

（2）用小铜钳自上而下钳出花瓣，成熟后在顶部刷些红曲米水。

（3）生坯入笼，用旺火蒸约 15 min 即可。

## （四）操作要求

（1）收口要捏紧收好，以防成熟时豆沙外溢。

（2）馅心居中，以防成形时皮薄处易露馅。

## （五）质量标准

花纹清晰、美观，吃口松软、香甜。

## （六）同类产品

寿桃包、苹果包、秋叶包等。

# 实例 12 ·········· 圆馒头

## （一）用料

面粉 500 g，白糖 50 g，干酵母 4 g，泡打粉 4 g，水 125 g，鲜牛奶 150 g。

## （二）流程

和面→压皮→成形→饧发→成熟

## （三）制作方法

（1）将面粉、泡打粉过筛与干酵母一起拌匀，投入鲜牛奶、水、白糖和成面团。

（2）将面团在压皮机内碾压 20 次左右。

（3）压好的面皮搓成粗细一致、直径 4 cm 的长条，下成 10 个剂子。

（4）将生坯放入笼内，在 35 ℃下静置约 30 min，待生坯体积膨大至原来的 1.5 倍左右，用旺火蒸约 8 min 即可出笼。

## （四）操作要求

（1）面团要压透，光洁度要好。

（2）压后的面皮要卷紧、卷严实，搓条粗细要一致。

（3）静置时间要控制适当，时间过长或过短都会影响质量。

## （五）质量标准

玲珑、洁白，质地膨松，暄软可口。

## 实例 13 ·········· 莲花包

**（一）用料**

面粉 100 g，白糖 10 g，干酵母 0.8 g，泡打粉 0.8 g，水 50 g，豆沙 60 g。

**（二）流程**

和面→压皮→搓条→下剂→上馅→成形→饧发→成熟

**（三）制作方法**

（1）将面粉、泡打粉过筛与干酵母一起拌匀，投入水、白糖和成面团。

（2）将面团在压皮机内碾压 20 次左右，压好的面皮搓成粗细一致的长条，下成 40 个剂子。

（3）每个剂子中包入约 15 g 豆沙馅心，然后捏拢收口，收口向下。

（4）将生坯放入笼内，在 35 ℃下静置约 30 min，待生坯体积膨大至原来的 1.5 倍左右，用旺火蒸约 8 min 出笼。

（5）将成熟的产品的表皮剥去，用剪刀从底部向上一层层剪出花瓣，呈莲花形即可。

**（四）操作要求**

（1）面团要压透，光洁度要好。

（2）压后的面皮要卷紧、卷严实，搓条粗细要一致。

（3）静置时间要控制适当，时间过长或过短都会影响质量。

**（五）质量标准**

状如莲花，饱满、洁白、有光泽，规格一致，质地膨松柔软，皮暄软可口，馅香甜，造型逼真。

## 实例 14 ·········· 葱煎包

**（一）用料**

面粉 500 g，干酵母 8 g，白糖 15 g，泡打粉 4 g，猪油 15 g，水 500 g，猪肉 500 g，酱油 10 g，葱花 100 g，芝麻油 10 g，姜末 10 g，黑芝麻、精盐、味精少许。

**（二）流程**

和面→揉面→搓条→下剂→制皮→上馅→成形→煎制成熟

制馅 ⌐

**（三）制作方法**

（1）将猪肉剁成肉末，加入猪油、酱油、姜末、精盐、味精，再加水 250 g，搅拌上劲，放入葱花、芝麻油拌匀备用。

（2）将面粉打圈，加入干酵母、泡打粉、250 g温水和成面团，揉匀揉透，稍饧制。

（3）将面团搓长，下成15 g重的剂子，擀成圆片。左手托面皮，右手用馅挑抹上重约12 g的馅心，略收拢，用右手拇指和食指沿边提褶收口，呈圆形包子状。生坯稍饧制。

（4）煎制成熟。煎锅内加入少量油，放入生坯稍煎后，加入冷水（加水至生坯高度的2/3），加盖焖5 min后，撒上葱花与少量黑芝麻，煎至底部焦黄即可出锅。

**（四）操作要求**

（1）皮匀馅正，提褶均匀，不漏汤汁。

（2）制馅加水要逐次加入，顺同一方向搅拌上劲。

**（五）质量标准**

色泽洁白，外形提褶均匀美观，皮薄馅鲜，口味浓香。

**（六）同类产品**

煎饺等。

- **想一想**

1. 面肥发酵点心与酵母发酵点心的异同点是什么？

2. 如何制作面肥？

3. 大酵面、嫩酵面、戗酵面的特点是什么？主要适用于哪些典型产品的制作？

4. 常用的验碱方法主要包括哪几种？

5. 简述鲜肉中包的制作过程。

6. 与面肥发酵法比，采用酵母发酵有哪些优点？应注意哪些问题？

- **做一做**

1. 制作3种以上不同品种的馒头，3种以上不同品种的花卷，6种以上不同品种的包子。

2. 设计2个不同品种的发面总盆（主件产品12件）。

任 务 二
# 化学膨松法

## ≋ 主题知识 ≋

### 一、什么是"化学膨松法"

化学膨松法，是把一些化学品掺入面坯，利用它们的化学特征，使成品具有膨松、酥脆的特点。这类化学品叫做化学膨松剂，目前主要有两类：一类是小苏打、臭粉、发酵粉等，另一类是矾、碱、盐。前一类单独使用，后一类混合使用，它们的膨松原理相同。

### 二、发粉膨松面团调制工艺

化学膨松面团是指用油、糖、蛋、面粉和化学膨松剂混合制成的蛋酥面团。这种面团由于多油、多糖的反水化作用，阻止了面筋的形成，一般由蛋液、饴糖代替水对面粉粒起黏结作用。此面团可塑性强。

1. 配方

发粉膨松面团配方见表 3-2-1。

表 3-2-1　发粉膨松面团配方

| 品种 | 原料 /g | | | | | | | | |
|------|------|------|------|------|------|------|------|------|------|
|      | 面粉 | 白糖 | 猪油 | 鸡蛋 | 发酵粉 | 黄油 | 鲜奶 | 臭粉 | 小苏打 |
| 桃酥 | 500 | 250 | 300 | 100 |  |  |  |  | 10 |
| 松酥皮 | 500 | 200 | 200 | 200 | 12.5 |  |  |  |  |
| 士干皮 | 500 | 150 |  | 100 | 20 | 125 | 150~200 | 2.5 |  |

2. 工艺流程

面粉+膨松剂 ⎫ 混匀
糖、油、蛋、奶 ⎭ ——→ 发粉膨松面团

3. 制作方法

发粉和面粉过筛、拌匀、打圈，中间加入糖，用水打潮后投入油拌匀，再投入蛋液拌匀、擦匀。然后放进臭粉，搅拌均匀，最后将面粉推入拌和均匀，采用折起"复叠"方法，轻轻用手叠 2~3 次便成。

4. 技术要点

（1）准确掌握化学膨松剂的用量，小苏打为面粉的 1%～2%；臭粉为面粉的 0.5%～1%；泡打粉为面粉的 3%～5%。

（2）化学膨松剂应轧碎，事先与面粉混合后再制坯。否则，化学膨松剂分布不均，会使成品出现产气不均或有黄色、黑色斑点。另外，用发粉调制面团时，应将其设在"窝外"，避免与含水原料直接接触。否则，发粉水解失效，影响面团的松发性。

（3）由于此类面团一般不需要面筋过多形成，因而和面时要先将油、糖、蛋等调制匀透后，再加入面粉。拌和时要采用分块复叠的方法使之成团，这样既可少生成面筋又可防止"泻油"。

## 三、矾、碱、盐膨松面团调制工艺

化学膨松面团的另一种是利用矾、碱、盐的相互作用，使面团膨松。由于矾对人体有害，这种膨松方法正在被逐渐淘汰。

先将矾用力拍成细末，将矾与盐放入盆内，加适量水，使矾与盐完全溶化，再将其余部分的水与食用碱溶化后倒入矾、盐溶液内，迅速将面粉倒入盆内，用摵、轧、叠等手法调制成面坯。

## 四、化学膨松面团的特点

高糖、高油，面团呈酥性，应用品种很广泛。

## 五、化学膨松面团的典型品种

广式月饼、甘露酥、桃酥、大蛋酥等，都采用发粉膨松面团调制法，只是投入的辅料不同。油条、麻花等传统上采用矾、碱、盐膨松面团调制法。

≈ 面点工作室 ≈

## 实例 1 ⋯⋯⋯⋯ 桃酥

### （一）用料

面粉 500 g，糖粉 300 g，猪油 250 g，鸡蛋 100 g，小苏打 5 g，臭粉 3 g，熟核桃仁

50 g，水 10 g。

**（二）流程**

和面→切条→下剂→成形→刷蛋液→成熟

**（三）制作方法**

（1）面粉过筛，放在案板上开窝，将糖粉、蛋液、水、猪油投入擦匀、擦透。臭粉、小苏打撒在面粉上，推入拌匀，用折叠的方法将面团和匀。

（2）将面团切成条，分成 40～70 个均匀的小剂子，揉圆放入烤盘，中心用手指按个小坑，表面刷上蛋液，放上熟核桃仁。

（3）将生坯放入 140 ℃的烤炉内，烤至表面开始开裂时，马上升高炉温至 180℃，继续烤 12 min 后，表面呈金黄色，即可出炉。

**（四）操作要求**

（1）调制面团时要防止起筋。

（2）炉温要控制得当。

**（五）质量标准**

（1）形态：圆正，表面有细裂花纹。

（2）色泽：表面金黄色、底部棕黄色。

（3）口味：松酥、香味醇正。

（4）组织：酥脆、无大孔洞。

（5）规格：符合设计要求。

（6）卫生：符合中式点心的卫生要求。

**（六）同类产品**

葱桃酥、小桃酥、杏仁酥等。

## 实例 2 ………… 大蛋酥

**（一）用料**

面粉 620 g，糖粉 320 g，食油 80 g，发粉 12 g，蛋 90 g，水 100 g，香兰素 1 g。

**（二）流程**

面团调制→擀皮→扦形→落盘→烘烤

**（三）制作方法**

（1）面团调制过程同前。

（2）用直径约 6 cm 的圆形扦筒，扦出圆片。

（3）刷去撒手粉，落盘烘烤。

（4）炉温170℃，烤制12 min，表面呈乳白色即可出炉。

**（四）操作要求**

（1）落盘后可在生坯表面喷一次水，以免结皮起皱。

（2）注意生坯落盘的间距，防止烤制时膨胀挤压变形。

**（五）质量标准**

（1）形状：圆正，周边呈鼓形。

（2）色泽：淡黄色或乳黄色。

（3）组织：松酥。

（4）口味：醇正、香甜。

（5）规格：12只/500 g。

（6）卫生：符合中式点心的卫生要求。

**（六）同类产品**

金钱饼、洋钱饼、瓜果饼、雪饼、冰糖饼等。


# 实例 3 ·········· 麻饼


**（一）用料**

（1）面团：面粉360 g，饴糖260 g，食用油15 g，苏打5 g，水33 g。

（2）馅心：食用油55 g，熟面粉130 g，果料25 g，砂糖200 g。

（3）装饰：芝麻55 g。

**（二）流程**

面团调制→分块→下剂→馅心调制→包馅→上麻→落盘→烘烤

**（三）制作方法**

（1）调制面团。面粉打圈，中间投入饴糖与食用油拌匀，再投入苏打拌匀，加入清水，充分乳化，最后和入面粉，和成饴糖面团。

（2）调制馅心。先将砂糖打潮，然后将其他原料混合加入拌擦均匀。

（3）搓条、下剂。将面团搓长后，用刀切成小剂子，皮、馅比可以1∶1或4∶6，根据设计而定。

（4）包馅。采用摘皮法，即收口时将多余的皮面摘去。

（5）开饼。可用扦筒成形，也可用模具成形。要求大小均匀，边厚中薄，成形后的生坯放在筛子中筛去撒手粉。

（6）上麻。将竹扁放在案板上，竹扁中洒入少量的水，撒上芝麻，呈潮湿状，将饼坯放在中间，用手转动竹扁，使饼坯均匀地沾裹上芝麻，翻面后继续上麻，并用粗筛去掉叠麻。要求：①上麻时水不要过多，否则会产生双层麻；②上麻前应筛去表面套粉，以免影响上麻；③上麻后要将剩余的洁麻洗干净，烘干以备下次使用。

（7）落盘。正面麻朝下，保持间距，落盘。

（8）烘烤。温度 260 ℃，时间 10 min。出炉后立即翻面，保持底面平正。

### （四）操作要求

（1）注意面团软硬度，可留出 1/10 的面粉作为调节用。

（2）调制面团时切忌拉、搓、擦，以免起筋。

（3）馅心宜中软，否则易流馅。

### （五）质量标准

（1）形状：圆正，上麻均匀，不塌边、不缩腰，无流糖、不跑馅。

（2）色泽：两面金黄，边乳白，无焦斑。

（3）组织：皮层酥脆，细密无大孔洞，馅居中。

（4）口味：醇正，麻香味浓。

（5）规格：符合设计要求。

（6）卫生：符合中式点心的卫生要求。

### （六）同类产品

枣泥饼、豆沙卷、白糖麻饼等。


## 实例 4 ·········· 广式月饼

广式月饼是我国月饼的主要品种之一。其特点是选料讲究、皮薄馅多、式样美观、品种多样、名称雅致、携带方便、易于保藏。通常形状有圆形、花边形等，表面印有文字及各种图案。

### （一）用料

1. 皮面

在广式月饼制作中，皮面调得好是关键，糖浆的用量及其浓度又决定了皮面的软硬度。食用碱的用量不但影响风味，同时影响色泽、造型。因此，糖浆与食用碱对调制皮面的影响很大。

（1）皮面（硬质馅）：面粉 200 g，生油 35 g，糖浆 150 g，饴糖 5 g，食用碱 4 g，鸡蛋液 10 g。

（2）皮面（软质馅）：面粉 60 g，生油 25 g，糖浆 45 g，食用碱 2.5 g，碱水 17 g，鸡蛋液 10 g。

2. 馅心

（1）百果：砂糖 150 g，白酒 2 g，糕粉 90 g，食用油 25 g，糖白膘 120 g，糖冬瓜 70 g，糖番茄 60 g，松子仁 20 g，核桃仁 50 g，杏仁 10 g，瓜子仁 10 g，橄榄仁 10 g，糖玫瑰 10 g，金橘饼 10 g，芝麻 40 g。

（2）椒盐：砂糖 150 g，白酒 5 g，糕粉 85 g，五香粉 1 g，食用油 20 g，盐 5 g，糖白膘 10 g，糖冬瓜 55 g，糖番茄 130 g，松子仁 20 g，核桃仁 50 g，糖玫瑰 10 g，麻屑 45 g。

（3）莲蓉馅：莲蓉 800 g。

（4）蛋黄莲蓉：咸蛋黄 8 个，白莲蓉 700 g。

**（二）流程**

糖浆加工贮藏→果料加工→配料→皮面调制→馅心调制→称馅→称皮→包馅→成形→落盘→刷蛋液→烘烤→冷却→成品

**（三）制作方法**

（1）糖浆加工。每 500 g 砂糖加水 200 g，煮沸，待砂糖全部溶解后加入 4.5 g 柠檬酸继续用小火加热，待糖浆温度达 106 ℃，重约 630 g 左右，就可滤去杂质起锅贮藏（7 天后可用）。

（2）将馅心配方中的各种果料切碎、切细。

（3）皮面调制。将糖浆投入搅拌机内，食用碱加 5 倍量的水溶化，投入糖浆，搅拌均匀，加入生油继续搅拌均匀，搅拌时间约 20 min，投入面粉拌匀。

（4）馅心调制。砂糖投入搅拌机加水打潮，略加搅拌后，投入各种果料、蜜饯等搅拌，再投入 1/3 食用油、糖白膘搅拌均匀，最后投入糕粉，边搅拌边将剩余的 2/3 生油投入拌匀。

（5）称皮馅。

皮（硬馅）：每块 36 g（每只 45g）；（软馅）：每块 23 g（每只 29g）。

馅（硬馅）：每颗 82 g 左右;（软馅）：每颗 100 g 左右。

（6）包馅。皮坯用左手拍成圆形（直径约 8 cm），要求边薄中厚，呈片状，右手将馅心捏圆包入，并用右手拇指、食指、中指三指中间，即虎口处收口，按次序放在案板上，收口朝下，并在案板上撒少量粉，防止粘连。

（7）成形。左手反抓饼坯，在案板上略搓后揿入印模，用手掌中间将饼坯揿平，四周揿实。倒扣印模，先轻击侧面，后敲击正面，左手接住月饼生坯落盘。

（8）刷蛋液。刷蛋液的次数不宜太多，一般两横、两竖即可，在进炉前刷蛋液较好。

（9）烘烤。炉温 200～220℃，时间 13 min。

## （四）操作要求

（1）熬糖浆先放水，后放糖，以防结底、烧焦。

（2）糖浆的浓度要控制适当。

（3）糖浆熬制7天后才能使用。

（4）皮面调制的软硬度应与馅料一致。

（5）馅料调制过程中，糕粉要最后拌入。

（6）烘烤温度视生坯大小而定。

## （五）质量标准

（1）色泽：表面呈金黄色或棕黄色，底面呈棕色，周边呈淡黄色，不泛白，无青色。刷蛋均匀，周边无蛋渍、无麻点、无焦黑斑，有明显光泽。

（2）形状：呈扁圆柱状，无显著歪斜，圆正，不塌陷、无裂边、不漏底、不露馅，表面和侧面略微隆起，花纹清晰，底面平正、不毛边、不塌边、不缩腰。

（3）组织：皮薄呈细孔组织，皮层厚薄均匀，馅心松软不硬，馅料剖面光洁、润滑不黏，果料分布均匀，软质馅细腻、滋润、柔软、不脱壳、不空心。

（4）口味：皮清甜松软，馅软而滋润，具有该品种应有之香味，凡含有果料类品种应具有明显果料感。

（5）卫生：无油污杂质，符合中式点心的卫生要求。

（6）规格：符合设计要求。

（7）保质期：硬馅为15天，软馅为10天。

## （六）同类产品

（1）水果类馅心系列产品：如草莓、哈密瓜等。

（2）果料类馅心系列产品：如百果、五仁等。

（3）各种蓉类馅心系列产品：如冬瓜蓉、麻蓉、椰蓉、莲蓉等。

## 实例 5 ......... 甘露酥

## （一）用料

面粉500 g，白糖250 g，鸡蛋3个，猪油150 g，青萝卜250 g，板油100 g，火腿100 g，鲜菇75 g，海米25 g，酱油25 g，芝麻油25 g，盐、味精适量。

## （二）流程

馅心调制→面团调制→摘剂→包馅→刷蛋液→烘烤→成品

**（三）制作方法**

（1）馅心调制。将青萝卜洗净，切成细丝，放入开水锅内稍烫捞出，稍加盐，挤干水分，剁成末，放入盆内；再将板油、火腿、海米、鲜菇切成豆粒大小的丁，一起投入盆内拌和；加酱油、盐、味精、芝麻油拌成馅。

（2）面粉打圈，中间加入白糖、蛋黄3个（蛋清留作刷面用）、猪油搅匀，加入50 g水，搅匀后拌入面粉，揉匀稍饧制。

（3）将面团分块搓成长条，摘成25 g的剂子，将剂子揿成中厚边薄的扁圆形片，包入10 g馅心，收口成馒头状，稍按成圆饼。

（4）收口朝下，落盘后表面刷上一层蛋清，进炉烘烤，炉温180 ℃，烘烤时间12 min左右，见表面呈黄白色即熟。

**（四）操作要求**

（1）皮和馅的软硬度要一致。

（2）面团不可过度揉搓，以防起筋。

（3）馅料的水分要挤干。

（4）咸馅要趁热食用。

**（五）质量标准**

松酥、鲜香、多味。

**（六）同类产品**

馅料可甜可咸，甜的有莲蓉、豆沙、椰蓉等，咸的有各种荤素馅。

## 实例 6 ·········· 开口笑

**（一）用料**

面粉500 g，糖粉250 g，食用油30 g，苏打3 g，清水150 g，炸油1 250 g，白芝麻适量。

**（二）流程**

面团调制→分块摘剂→上麻→炸制→成品

**（三）制作方法**

（1）面团调制同前（糖粉加水烧开溶化，冷却后使用）。

（2）分块摘剂。每个剂子40 g。

（3）上麻。方法与实例3的麻饼相同。

（4）炸制。油温160～180 ℃，面团沿锅边放入后关闭火源，待生坯全部上浮，继续开旺火加热，炸至呈棕黄色起锅。

**（四）质量标准**

（1）形状：呈鸡肾形，开裂自然，表面芝麻均匀。

（2）色泽：呈棕黄色，油润无焦斑。

（3）组织：外层松脆，内层松酥。

（4）口味：口味醇正，炸香味浓。

（5）规格：50 g/只。

（6）卫生：符合中式点心的卫生要求。

**（五）注意事项**

（1）调制面团的时间要短，特别不宜后加水。

（2）油温控制要适当，温度过高不易开裂，温度过低易松散，且耗油量高。


# 实例 $7$ ………… 油条

**（一）用料**

面粉 500 g，明矾 12.5 g，食用碱 7.5 g，盐 10 g，清水 300 g，油 1 250 g。

（新型原料：高筋粉 130 g，低筋粉 370 g，盐 8 g，小苏打 4 g，泡打粉 6 g，食用油 20 g，鸡蛋 1 个，水 320 g。）

**（二）流程**

粉碎矾、碱、盐→和面→轧面→饧面→下剂→成形→熟制

**（三）制作方法**

（1）准备原料及工具，如图 3-2-7-1、图 3-2-7-2。将矾、碱、盐放入盆内捣碎碾细，加入 250 g 清水使之全部溶化，加入面粉，抄拌均匀，用手和面过程中带入其余的清水，轧成柔软细腻、有劲力的面团，薄薄地刷上一层油，饧放 20 min。如图 3-2-7-3 至图 3-2-7-5。

若使用新型原料，此步骤操作如下：

将高筋粉、低筋粉过筛，加入小苏打、泡打粉、盐，搅拌均匀。将油倒入水中，再加入鸡蛋，搅拌均匀。将混合好的液体，倒入搅拌好的粉中，调制成面团，放入冰箱冷藏一晚。

（2）从饧好的面团上切下一条，用手边拉边按成厚约 0.7 cm、宽 7 cm 的长条，抹一层油后用刀剁成宽 1 cm 左右的小长条。然后面对面的两条叠在一起，用双手的食指顺长从中间轻压后提起，再用双手的拇指和食指捏住两端，拉成约 32 cm 长的油条生坯。如图 3-2-7-6、图 3-2-7-7。

（3）将生坯放入油温约 220℃ 的锅内，边炸边用筷子不停地翻动油条，炸至膨松发起，

呈浅棕红色即可出锅。如图 3-2-7-8、图 3-2-7-9。

**实训过程**

◉ 图 3-2-7-1　原料准备

◉ 图 3-2-7-2　工具准备

◉ 图 3-2-7-3　干粉搅拌均匀

◉ 图 3-2-7-4　将液体倒入面粉中

◉ 图 3-2-7-5　和成面团

◉ 图 3-2-7-6　拍成长条

◉ 图 3-2-7-7　用刀剁成宽1 cm 左右的小长条

◉ 图 3-2-7-8　炸制

◉ 图 3-2-7-9　成品装盘

**（四）操作要求**

（1）矾、碱、盐的比例要正确，要根据天气的变化而调整配方。

（2）要尽量缩短矾、碱、盐的溶化时间，溶化后才能拌入面粉。

（3）面团要和匀轧透，面要饧透。

（4）油温控制适当，生坯下锅后要不停地翻动。

（5）矾、碱要分别溶化后再混合均匀。

**（五）质量标准**

外形美观，色泽棕红，口感酥脆，膨松起发。

# 实例 8 ·········· 甜麻花

**（一）用料**

面粉 500 g，生油 8 g，白砂糖 50 g，奶粉 18 g，明矾 10 g，食用碱 10 g，糖粉 65 g，水 150 g，炸油 1 250 g。

**（二）流程**

配料→调制面团→饧发→制坯→炸制→装饰→成品

**（三）制作方法**

（1）面粉与生油、白砂糖、明矾、食用碱溶液混合均匀后，加水调制成面团，揉匀揉透，直到不粘手。

（2）将面团分块、下剂，搓长后两手反方向搓上劲，合并成双股，再搓上劲，合成四股铰链状。

（3）用中火炸制，生坯入锅后用铁笊篱轻轻搅动，待麻花浮起，炸成金黄或深黄色即可捞出，撒上糖粉。

**（四）操作要求**

（1）面团不宜太软。

（2）碱与矾要分开溶化后再混合。

**（五）质量标准**

（1）色泽：深黄色或金黄色，表面有白色糖粉。

（2）外形：长短一致，绞纹清晰。

（3）口味：硬脆、香甜。

（4）卫生：符合中式点心的卫生要求。

**（六）同类产品**

鸡蛋麻花、芝麻麻花等。

- 想一想

1. 广式月饼的工艺流程、制作过程、皮面调制的基本配方是什么？

2. 在调制矾、碱、盐面团时应注意什么？

3. 目前采用的化学膨松剂主要是哪两类？

4. 采用化学膨松剂调制的面坯，一般应注意哪些问题？

- 做一做

1. 制作广式月饼 20 个。

2. 制作 25 g 开口笑 20 个。

3. 制作 30 g 大蛋酥 50 个。

任务 三

# 物理膨松法

≈ 主题知识 ≈

## 一、什么是"物理膨松面团"

物理膨松面团主坯主要是指蛋泡面坯。它是以鲜鸡蛋液为介质，经物理搅拌充入气体，然后加面粉拌制而成。

## 二、物理膨松面团的特点

它的特点是松软、起发性大、有蛋香味。

## 三、物理膨松面团的影响因素

### （一）温度对打蛋的影响

温度对蛋白质的起泡性影响很大。温度在 20 ℃以下时，打蛋时间要延长；在 20℃以上时，打蛋速度应加快而时间要相应缩短。这说明，温度越高，蛋液和糖的乳化程度越大，此时打蛋速度越快，起泡性越好。常规情况下，打蛋时温度控制在 25～30 ℃最有利于蛋清起泡和保持泡沫稳定。

### （二）时间对打蛋的影响

蛋清是黏稠的胶体。搅打过程中，空气均匀地混入蛋液中，蛋液中气泡越多越好。若打蛋时间短，蛋液中空气泡沫不足，分布不匀。若打蛋时间长，易使蛋白膜破裂，黏性降低，胶体性质发生变化，影响空气充入。因此，要严格控制打蛋时间。

### （三）油脂对打蛋的影响

油脂的表面张力大，蛋白膜很薄，当油脂与蛋白膜接触后，油脂的表面张力大于蛋白膜本身的抗张力，蛋白膜被拉断，气泡很快消失。所以，油脂具有消泡作用。

### （四）pH 对打蛋的影响

蛋白质的起泡性与 pH 有关。酸碱度不适当，将影响蛋白质的起泡性和持泡性。在蛋白质的等电点，其渗透压和黏度都达到最低点，造成气泡不稳定。在生产工艺中有时加一点食用酸来调节其 pH，以提高蛋白质的起泡性和持泡性。

### （五）蛋的质量对打蛋的影响

陈旧蛋贮存时间长，稀薄蛋白增多，浓厚蛋白减少，蛋清的表面张力降低、黏度下降。因而陈旧蛋比鲜蛋的起泡性差，且气泡不稳定。

## 四、物理膨松面团调制工艺

1. 配方

物理膨松面团典型配方见表 3-3-1。

表 3-3-1　物理膨松面团典型配方

| 品种 | 原料 /g | | | |
|---|---|---|---|---|
| | 鸡蛋 | 面粉 | 白糖 | 发酵粉 |
| 清糕类 | 500 | 400 | 500 | |
| 蛋糕 | 500 | 500 | 500 | 5 |

2. 工艺流程

$$\left.\begin{array}{l}鸡蛋\\白糖\end{array}\right\} \xrightarrow{抽打} + \left.\begin{array}{l}面粉\\发粉\end{array}\right\} \xrightarrow{抄拌} 物理膨松面团$$

## 五、物理膨松面团调制新工艺

新工艺的运用是以新原料的开发为前提的。物理膨松面团的调制新工艺，实际上是一种新原料——蛋糕油的开发和利用。它使物理膨松面团的调制工艺比过去更简单，速度更快。

1. 制法

将一定比例的鸡蛋、白糖、蛋糕油放入打蛋桶内拌匀，再加入面粉和匀，开动机器抽打（或手打）。在正常室温下，机器抽打 7～8 min 即成蛋泡面主坯。其特点是细密、膨松、色白、胀发性好。

2. 配方

物理膨松面团新工艺配方见表 3-3-2。

表 3-3-2　物理膨松面团新工艺配方

| 原料 | 鸡蛋 | 白糖 | 面粉 | 蛋糕油 |
|---|---|---|---|---|
| 重量 /g | 500 | 250 | 250 | 25 |

3. 工艺流程

$$\left.\begin{array}{l}鸡蛋\\糖\\蛋糕油\end{array}\right\} \xrightarrow{混匀} +面粉 \xrightarrow{抽打} 物理膨松面团$$

# 面点工作室

## 实例 ·········· 戚风蛋糕

戚风蛋糕组织膨松，水分含量高，味道清香不腻口，是目前最受欢迎的蛋糕之一。戚风蛋糕的质地非常松软，且带有弹性，口感绵软、香甜，是外出旅行和休闲娱乐必不可少的美食之一。

**（一）用料**

蛋黄 5 个，牛奶 70 g，食用油 65 g，低筋粉 90 g，玉米淀粉 10 g，蛋清 5 个，柠檬汁少许，白糖 45 g。

**（二）流程**

原料准备→调制面糊→倒入模具→烤制

**（三）制作方法**

（1）准备原料及工具，如图 3-3-1-1、图 3-3-1-2。

（2）蛋清中加入柠檬汁少许，再分次加入白糖，打发至提起打蛋器有尖角，蛋清不掉落，如图 3-3-1-3。

（3）将食用油倒入牛奶中混合均匀，加入蛋黄，打发成蛋黄糊，再加入过好筛的低筋粉和玉米淀粉，搅拌成无颗粒的面糊，如图 3-3-1-4。

（4）将打发好的蛋清倒入面糊中，顺着一个方向翻拌均匀，如图 3-3-1-5。

（5）将翻拌好的面糊倒入模具中，可抹平或轻轻敲击模具侧壁使面糊表面平整，放入烤箱以 155 ℃烤至成熟。烤制完成后，放凉脱模。如图 3-3-1-6 至图 3-3-1-8。

**实训过程**

◎ 图 3-3-1-1　准备原料

◎ 图 3-3-1-2　准备工具

⦿ 图 3-3-1-3　蛋清打发

⦿ 图 3-3-1-4　筛入粉料

⦿ 图 3-3-1-5　倒入面糊

⦿ 图 3-3-1-6　面糊倒入模具

⦿ 图 3-3-1-7　抹平入烤箱
　　　　　　　烘烤

⦿ 图 3-3-1-8　放凉脱模

### （四）操作要求

（1）在打发蛋清时，蛋桶内要无水、无油。

（2）翻拌蛋清与蛋黄时，速度要快，避免消泡。

（3）烤制时要控制好温度与时间。

### （五）质量标准

形态饱满，质地膨松柔软，口感香甜。

● 想一想

1. 物理膨松面团有什么特点?

2. 影响物理膨松面团的因素有哪些?

## 评分标准

| 评分项目 | 标准分 | 减分幅度 | | | | 扣分原因 | 实得分 |
|---|---|---|---|---|---|---|---|
| | | 优 | 良 | 中 | 差 | | |
| 色泽 | 15 | 1~2 | 3~5 | 6~8 | 9~14 | | |
| 形态 | 15 | 1~2 | 3~5 | 6~8 | 9~14 | | |
| 组织 | 20 | 1~3 | 4~7 | 8~10 | 11~19 | | |
| 口味 | 20 | 1~3 | 4~7 | 8~10 | 11~19 | | |
| 火候 | 15 | 1~2 | 3~5 | 6~8 | 9~14 | | |
| 现场过失 | 15 | 1~2 | 3~5 | 6~8 | 9~14 | | |

# 项目四
# 油酥面团

  项目介绍

此项目为油酥面团，即用油脂与面粉调制的面团。该面团制成品的主要特点是：体积膨松、色泽美观、口味酥香、营养丰富。油酥面团的种类主要有层酥、单酥、炸酥三类。

层酥面团是水油面加干油酥制成的面团，称为酥皮面团。根据包酥种类和制法的不同，又分为明酥、暗酥、半暗酥三种类型和制法，其成熟方法主要有炸制、烤制两种。单酥，又叫硬酥，用油、面粉、水和化学膨松剂调制而成，制成品具有酥性，但不分层次。从其性质上讲，属于膨松剂面团。炸酥，主要用作馅心。本项目重点讲解层酥类制品的制作。

  学习目标

**终极目标**

学会水油面、干油酥的调制。

掌握开酥的方法及其操作关键。

独立完成酥皮类9种以上产品的制作（5种主要烤制品）。

**过程目标**

通过举一反三，培养应变能力，养成良好的操作习惯。

## 主题知识

### 一、什么是"油酥面团"

油酥面团一般由两部分组成，即水油面和干油酥。水油面是用适量的水、油、面粉拌和调制而成的。水油面既有水调面团的筋性和延展性，也有油酥面团的酥松性、润滑性。干油酥由低筋粉和油脂擦制而成。

### 二、油酥面团的特点

油酥面团制品可以在不同温度下成熟。炸制使用的油温不同，成品呈现洁白、浅黄或金黄等多种色泽效果，口感酥脆，酥层清晰，深受顾客喜爱。

### 三、油酥面团调制工艺

#### （一）水油面的调制工艺

水油面是用水、油、面粉调制而成的，也可以用鸡蛋代替部分水，有的水油面还可以加少量饴糖调制而成。该面团具有一定的筋性和良好的延展性，大多用于层酥面团的外层皮坯。

1. 配方

水油面配方见表 4-1-1。

表 4-1-1　水油面配方

| 品种 | 原料 /g | | | | | |
| --- | --- | --- | --- | --- | --- | --- |
| | 面粉 | 大油 | 生油 | 参考水量 | 饴糖 | 鸡蛋 |
| 苏式月饼皮 | 500 | 150 | 90 | 200 | 50 | |
| 普通酥皮 | 500 | 125 | | 275 | | |
| 擘酥皮 | 375 | | | 150 | | 100 |

2. 工艺流程

各种辅料 $\xrightarrow{搅匀}$ + 面粉 $\xrightarrow{调制}$ 水油面

### 3. 技术要点

（1）水、油充分乳化。首先将水、油混合均匀，然后再加入面粉拌匀。这样水分子首先被吸附在面筋蛋白质的周围，被蛋白质吸收而形成面筋网络。油滴成为"隔离"介质分布在面筋网络之间，最终成为表面光滑、柔韧的面团。

（2）油量适当。含面筋量高的面粉应多加油，反之要少加油。一般用油量为面粉量的10%～20%。若面筋含量低，用油量高，则油脂的反水化作用加强，不能形成具有良好韧性的面团，且因油脂在面筋表面过多覆盖，会影响烤制品色泽的形成。

（3）水量和水温适当。一般用水量为面粉量的50%左右。若加水过多，面团中游离水增多，面团软，不易成形；若加水过少，蛋白质吸水不足，面筋缺乏胀润度。调制时水温以22℃左右为宜。若水温过高，淀粉发生糊化，面团的黏度增加，延展性降低，难以成形。

### （二）干油酥的调制工艺

干油酥是用油脂和面粉调制而成的。调制干油酥时，需反复的擦、搓，以促使油脂对面粉颗粒吸附量增大。干油酥可使制品形成酥、松的质感。干油酥具有可塑性，有轻微的黏性而相互吸附，但无结合力，不能单独制成产品，只能作为层酥皮的夹酥。

### 1. 配方

干油酥配方见表4-1-2。

表4-1-2　干油酥配方

| 品种 | 原料 /g | | |
| --- | --- | --- | --- |
| | 面粉 | 大油 | 黄油 |
| 苏式月饼皮 | 500 | 260 | |
| 普通酥皮 | 500 | 250 | |
| 擘酥皮 | 125 | | 500 |

### 2. 工艺流程

油 + 面粉 $\xrightarrow{\text{搓擦}}$ 干油酥主坯

### 3. 技术要点

以调匀擦透为度。搓擦时间越长，干油酥的质地越软。如因存放稍久而变硬，临用时再搓擦一次即可。

### （三）开酥工艺

层酥面团开酥的方法很多，现介绍一种常用的方法——叠酥。

### 1. 叠酥的方法

以适量水油面包干油酥，捏严收口，用走槌开成长方形薄片，将面坯的两端折向中间，叠成三层，再用走槌开成长方形薄片，叠三层（又称"两个三"），如图4-1-0-1所示。最后将其开成长方形片，叠一个四折，如图 4-1-0-2 所示。

图 4-1-0-1                              图 4-1-0-2

2. 技术要点

（1）水油面和干油酥的比例要适当。若水油面过多，酥层不清，成品不酥；若干油酥多，成形困难，成品易散碎。

（2）水油面和干油酥的软硬度要一致，否则易露酥或酥层不均。

（3）将干油酥包入水油面后，要保证水油面的四周厚薄均匀。

（4）开酥时要尽量少用生粉，折叠时要尽量卷紧，否则，酥层间不易黏连，成品易出现脱壳现象。

（5）起酥后的剂子要盖上一块洁净的湿布，防止表面风干结皮。

## 四、调制油酥面团的注意事项

水油面揉的时间不宜过长，饧制时间也不宜过长。干油酥需擦透，不能有颗粒感。干油酥和水油面的软硬度要确保一致。

● 想一想

1. 油酥面团分为哪几类？层酥有哪三种制法？

2. 调制水油面、干油酥分别有哪些技术要点？

任务二 炸制类油酥制品

≈ 面点工作室 ≈

实例 1 ……… 荷花酥

荷花酥是浙江杭州著名的小吃。"出淤泥而不染"是人们对荷花高雅洁丽品质的赞誉，用油酥面制成的荷花酥，形似荷花，酥层清晰，观之形美动人，食之松酥香甜，别有风味，是筵席上常用的一种花式中点，给人以美的享受。

**（一）用料**

（1）水油面：低筋面粉 250 g，猪油 10 g，30℃水 130 g。

（2）干油酥：低筋面粉 200 g，猪油 100 g。

（3）馅心：豆沙馅 100 g。

（4）装饰：鸡蛋 1 个。

**（二）流程**

原料准备→准备馅心→揉面擦酥→水油皮擀制→包酥→开酥→炸制→成熟装盘

**（三）制作方法**

（1）准备好原料和工具，如图 4-2-1-1、图 4-2-1-2。

（2）分别调制水油面和干油酥面团，将干油酥包入水油面中，顺长擀成长方形，两头切方正，如图 4-2-1-3 至图 4-2-1-6。

（3）折叠成三层，擀成长方形，再折叠成三层，擀成长方形，中间切开，两片叠起，如图 4-2-1-7 至图 4-2-1-9。

（4）擀成厚度 0.5～0.6 cm 的薄片，用刀将坯皮切成 12 等份，刷上蛋液，每只放入 10 g 豆沙馅，收拢成圆球形待用。如图 4-2-1-10 至图 4-2-1-13。

（5）包入豆沙馅后收口朝下，将生坯六等分，如图 4-2-1-14。

（6）油锅上火，倒入足量色拉油，加热至 125℃，生坯底部刷蛋液，下锅静养至出酥层。油温升至 150℃，荷花酥上色为淡黄时出锅装盘即可。如图 4-2-1-15、图 4-2-1-16。

荷花酥制作演示

◉ 图 4-2-1-1　原料准备　　　◉ 图 4-2-1-2　工具准备

◉ 图 4-2-1-3　调制水油面　　　图 4-2-1-4　掌根部用力向
　　　　　　　　　　　　　　　　　　　前擦酥成干油酥

◉ 图 4-2-1-5　干油酥包入　　　◉ 图 4-2-1-6　完成包酥
　　　　　　　水油面

◉ 图 4-2-1-7　擦酥　　　◉ 图 4-2-1-8　折叠成三层

◉ 图 4-2-1-9　三次叠酥完成　　◉ 图 4-2-1-10　将坯皮切成
　　　　　　　　　　　　　　　　　　　　　　　12 等份

◉ 图 4-2-1-11　刷上蛋液　　　◉ 图 4-2-1-12　上馅

◉ 图 4-2-1-13　收拢成圆　　　◉ 图 4-2-1-14　开荷花酥
　　　　　　　球形　　　　　　　　　　　　　　花瓣

◉ 图 4-2-1-15　炸制　　　　　◉ 图 4-2-1-16　荷花酥成品

## （四）操作要求

（1）干油酥和水油面的软硬度要一致。

（2）起叠酥动作连贯迅速，厚薄均匀。

（3）分割花瓣时入刀深浅一致、均匀等分。

（4）炸制温度：125℃下锅，150℃出锅。

## （五）质量标准

形似荷花，酥层清晰，造型美观，色泽微黄。


# 实例 2 ········· 兰花酥

兰花酥是一款非常有中式韵味的精致点心，虽然不常出现在大众的视野中，但是宴会餐桌上如果有中式点心，就常会有兰花酥的身影。兰花酥形如兰花，惟妙惟肖地展现了兰花的英姿，花瓣层次清晰分明，清香宜人，配一点白糖和果酱别有风味。

## （一）用料

（1）水油面：低筋面粉 250 g，猪油 10 g，30℃水 130 g。

（2）干油酥：低筋面粉 200 g，猪油 100 g。

（3）装饰：鸡蛋 1 个。

## （二）流程

原料准备→和面→揉面擦酥→包酥→擀酥→擀成长方形后切片→成形→炸制→成熟装盘

## （三）制作方法

（1）准备好原料和工具，如图 4-2-2-1、图 4-2-2-2。

（2）调制水油面和干油酥。干油酥是用油脂与面粉擦制而成，其调制方法与一般面团不同。将备好的原料倒在案板上，然后用手掌一次次地向前推擦，反复擦至无粉粒，猪油与面粉充分黏结成团为止。如图 4-2-2-3、图 4-2-2-4。

（3）将干油酥包入水油面中，如图 4-2-2-5、图 4-2-2-6。顺长擀成长方形，如图 4-2-2-7。折叠成四层，再次擀开成长方形薄片，再折叠成四层，如图 4-2-2-8。

（4）再次擀开成长 25 cm、宽 15 cm 的长方形薄片，切成边长 5 cm 的正方形片，用刀将正方形片的三个角沿对角线从顶端向中心切进，将切开的面片按图中数字指示位置用鸡蛋液粘牢，再在表面刷上鸡蛋液，即成兰花酥生坯，如图 4-2-2-9、图 4-2-2-10。

（5）锅中倒入色拉油，等油温升至 110℃时，将兰花酥生坯下锅，用中小火静养至出酥层。稍升温至 150℃，待兰花酥呈淡黄色，出锅装盘。如图 4-2-2-11、图 4-2-2-12。

兰花酥制作演示

● 图 4-2-2-1　原料准备

● 图 4-2-2-2　工具准备

● 图 4-2-2-3　调制水油面

● 图 4-2-2-4　掌根部用力向
前擦酥成干油酥

● 图 4-2-2-5　干油酥包入水
油面

● 图 4-2-2-6　完成包酥

● 图 4-2-2-7　擀酥

● 图 4-2-2-8　折叠成四层

● 图 4-2-2-9　制作兰花酥生坯

● 图 4-2-2-10　刷鸡蛋液

● 图 4-2-2-11　炸制

● 图 4-2-2-12　兰花酥成品

## （四）操作要求

（1）调制面团时，加水和加油量要根据天气的变化酌情增减。

（2）擀酥时不宜过薄，以免影响酥层。

（3）控制下锅时炸制的温度。一般 110℃下锅静养，150℃出锅。

（4）干油酥和水油面的软硬度要一致，二者用量比例为 1 : 1。

## （五）质量标准

层次清晰，外形美观，酥松清香。

## 实例 3 ………… 盒子酥

盒子酥是圆酥的一种。圆酥是将卷成圆筒的坯料用刀直切成一段一段的，将刀切面朝上，用手掌自上而下将其按扁，用擀面杖擀成所需坯皮进行包捏，使得圆形酥层朝外，再经炸制或烤制的制品，如盒子酥、眉毛酥、草帽酥等。盒子酥酥层清晰，口感酥脆，常作为筵席点心。

### （一）用料

（1）水油面：低筋面粉 250 g，猪油 10 g，30℃水 130 g，糖粉 20 g。

（2）干油酥：低筋面粉200 g，猪油100 g。

（3）馅心：豆沙馅100 g。

（4）装饰：鸡蛋1个。

## （二）流程

原料准备→和面→揉面擦酥→包酥→擀酥→卷成圆筒形切片→成形→炸制→成熟装盘

## （三）制作方法

（1）准备好原料和工具，如图4-2-3-1、图4-2-3-2。

（2）调制水油面和干油酥。干油酥是用油脂与面粉擦制而成。其调制方法与一般面团不同，将备好的原料倒在案板上，然后用手掌一次次地向前推擦，反复擦至无粉粒，猪油与面粉充分黏结成团为止，然后将其调整成长方形。如图4-2-3-3、图4-2-3-4。

（3）将干油酥包入水油面中，如图4-2-3-5、图4-2-3-6。顺长擀成长方形，折叠成四层，再次擀成长方形薄片，厚约0.3 cm，如图4-2-3-7。斜切一刀，刷蛋液，卷成直径约为5 cm的圆筒，如图4-2-3-8。

（4）用刀切成厚约0.5 cm的圆形剂子，如图4-2-3-9。用擀面杖擀成圆片，刷上蛋液，包入豆沙馅心，如图4-2-3-10。

（5）再将另一剂子擀成同样的圆片盖在豆沙馅上，将边缘涂上蛋液捏紧。两片合拢叠在一起成一个，用右手拇指和食指在边上推捏出一圈绞绳状花边，即成盒子酥生坯。如图4-2-3-11、图4-2-3-12。

（6）在底托上刷上蛋液，将做好的盒子酥生坯放在上面，如图4-2-3-13。

（7）放入60～70℃的油锅里静养，如图4-2-3-14。升高油温至120℃，待翻小泡出层次之后，再升高油温至翻大泡，如图4-2-3-15。待酥层的层次清晰后，升高油温至150℃，出锅，成品装盘，如图4-2-3-16。

## 实训过程

盒子酥制作演示

◉ 图4-2-3-1　原料准备

◉ 图4-2-3-2　工具准备

项目四　油酥面团 〰 111

◉ 图 4-2-3-3　掌根部用力向
　　　前擦酥

◉ 图 4-2-3-4　调制成干油酥

◉ 图 4-2-3-5　干油酥包入
　　　水油面

◉ 图 4-2-3-6　完成包酥

◉ 图 4-2-3-7　擀酥

◉ 图 4-2-3-8　卷成直径约为
　　　5 cm 的圆筒

◉ 图 4-2-3-9　切成厚约
　　　0.5 cm 的圆形剂子

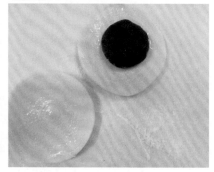

◉ 图 4-2-3-10　擀圆片，刷
　　　上蛋液，包入豆沙馅心

◉ 图 4-2-3-11 捏出一圈
绞绳状花边

◉ 图 4-2-3-12 制成盒子酥
生坯

◉ 图 4-2-3-13 放上生坯

◉ 图 4-2-3-14 放入
60～70℃的油锅里静养

◉ 图 4-2-3-15 炸制

◉ 图 4-2-3-16 盒子酥成品

**（四）操作要求**

（1）猪油的用量要根据天气的变化适量地增加或减少。

（2）擦制干油酥时一定要将干油酥擦透、擦匀。

（3）每次叠酥、擀酥时，注意厚薄要均匀。开酥要均匀，卷酥时要尽量卷紧，成形时要尽量捏严。

（4）炸制时的油温要掌控好，温度过低时不能放入油中炸制，避免吸油。

**（五）质量标准**

色泽淡黄，外形美观，层次清晰，酥松香甜。

# 实例 4 ……… 眉毛酥

眉毛酥是上海著名的特色酥点。眉毛酥形似娥眉，层次分明，纹路清晰，味甜酥香，边口处推捏出绳状花边，经油炸或烘烤而成。眉毛酥是圆酥的代表品种之一，也是面点制作的基本品种之一。眉毛酥一般上豆沙馅或者莲蓉馅，也可以上咸馅。比较常见而又经典的咸馅有萝卜丝馅、霉干菜馅等。

## （一）用料

（1）水油面：低筋面粉 250 g，猪油 10 g，30℃水 130 g。

（2）干油酥：低筋面粉 200 g，猪油 100 g。

（3）馅心：豆沙馅 200 g。

（4）装饰：鸡蛋 1 个。

## （二）流程

原料准备→馅心准备→揉面擦酥→水油皮擀制→包酥→开酥→炸制→成熟装盘

## （三）制作方法

（1）准备好原料和工具，如图 4-2-4-1、图 4-2-4-2。

（2）调制干油酥和水油面，如图 4-2-4-3、图 4-2-4-4。将干油酥包入水油面中，如图 4-2-4-5、图 4-2-4-6。顺长擀成长方形，折叠成四层，再次擀开成厚约 0.3 cm 的长方形薄片，斜切一刀，刷蛋液卷成直径约 5 cm 的圆筒，如图 4-2-4-7、图 4-2-4-8。

（3）将圆筒切成厚约 0.5 cm 的圆片，擀开成饼状，刷上蛋液，贴上一层水油面，擀开成眉毛酥坯皮，如图 4-2-4-9、图 4-2-4-10。

（4）上豆沙馅，将一角向内塞进一小段，再将边挤捏严，用右手拇指在半圆边上捏成铰花边，整成眉毛酥形状，在绳状花边处刷蛋液，如图 4-2-4-11、图 4-2-4-12。

（5）锅中倒入色拉油，等油温升至 110℃时，将眉毛酥下锅，用中小火静养至出酥层。稍升油温至 150℃，待眉毛酥呈淡黄色，出锅装盘。如图 4-2-4-13、图 4-2-4-14。

**实训过程**

◉ 图 4-2-4-1　原料准备

◉ 图 4-2-4-2　工具准备

眉毛酥制作演示

◉ 图 4-2-4-3　调制水油面

◉ 图 4-2-4-4　掌根部用力向
前擦酥成干油酥

◉ 图 4-2-4-5　干油酥包入
水油面

◉ 图 4-2-4-6　完成包酥

◉ 图 4-2-4-7　擀酥

◉ 图 4-2-4-8　卷酥

◉ 图 4-2-4-9　切成厚约
0.5 cm 的圆片

◉ 图 4-2-4-10　擀开成圆
饼状

◉ 图 4-2-4-11　将一角向内　　◉ 图 4-2-4-12　将边挤捏严
　　　　　　塞进一小段

◉ 图 4-2-4-13　炸制　　　　◉ 图 4-2-4-14　眉毛酥成品

**（四）操作要求**

（1）调制面团时，加水、加油量要根据天气的变化酌情增减。

（2）擀酥时不宜过薄，以免影响酥层。

（3）控制下锅时炸制的温度。一般 110℃下锅静养，150℃出锅。

（4）眉毛酥最后锁边时不能过于用力，防止裂开。

**（五）质量标准**

产品成形后重 35 g 左右，不脱酥，纹路均匀。

## 实例 5 ·········· 梅花酥

梅花酥酥层清晰，口感油润绵甜，色泽金黄，造型美观，形态逼真，是典型的半明半暗酥的品种。通过水油面和干油酥的充分配合，高超的粘连技巧，生动形象地展现了梅花的形态。经过改良的梅花酥，制作方法的起叠酥与兰花酥几乎一致。

**（一）用料**

（1）水油面：低筋面粉 250 g，猪油 10 g，30℃水 130 g。

（2）干油酥：低筋面粉 200 g，猪油 100 g。

（3）装饰：鸡蛋1个。

**（二）流程**

原料准备→揉面擦酥→包酥→擀酥→叠酥→刷蛋液→成形→炸制→成熟装盘

**（三）制作方法**

（1）准备原料和工具，如图4-2-5-1、图4-2-5-2。

（2）调制干油酥和水油面，如图4-2-5-3、图4-2-5-4。

（3）将干油酥包入水油面中。擦干油酥，保鲜袋撒粉，干油酥拍匀，放水油面上比一比，大概占一半（不要切掉太多水油面），包牢锁边。如图4-2-5-5、图4-2-5-6。

（4）将包好的油酥面团擀成薄片状，方法与前面兰花酥制作方法相同。每次擀大后进行"三三二"折，最后一折约为长35 cm、宽15 cm。如图4-2-5-7至图4-2-5-9。

（5）用模具比照，擀成大面皮，切出12个正方形，用模具一次性刻一个圆，注意不要斜切，两面撒粉，使其不粘模板，取下时不破坏酥层，如图4-2-5-10。

（6）用模具切五条线，把五个角用蛋清粘起来，蛋液应少涂，太多容易糊掉且粘不牢，手上不要太用力，粘手时手指可适量沾粉，如图4-2-5-11、图4-2-5-12。

（7）梅花酥生坯做好后，放上油托，底部刷蛋清黏住，放入油锅炸梅花酥至出层次，浮起。油温升至160℃，待梅花酥色泽淡黄出锅，装盘。如图4-2-5-13、图4-2-5-14。

**实训过程**

梅花酥制作演示

● 图4-2-5-1　原料准备

● 图4-2-5-2　工具准备

● 图4-2-5-3　调制水油面

● 图4-2-5-4　掌根部用力向前擦酥成干油酥

◉ 图 4-2-5-5　干油酥包入
水油面

◉ 图 4-2-5-6　完成包酥

◉ 图 4-2-5-7　擀酥

◉ 图 4-2-5-8　折叠成三层

◉ 图 4-2-5-9　三次叠酥完成

◉ 图 4-2-5-10　将坯皮切成
12 等份

◉ 图 4-2-5-11　刷上蛋液

◉ 图 4-2-5-12　翻转成形

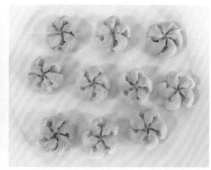

◉ 图 4-2-5-13　炸制　　　　◉ 图 4-2-5-14　梅花酥成品

**（四）操作要求**

（1）调制面团时，加水、加油量要根据天气的变化酌情增减。

（2）擀酥时不宜过薄，以免影响酥层。

（3）控制下锅时炸制的温度。一般110℃下锅静养，150℃出锅。

（4）干油酥和水油面比例恰当。

**（五）质量标准**

产品成形后不脱酥，纹路均匀。

## 实例 6 ………… 玉米酥

玉米酥是直酥类产品之一，是以水油面包干油酥的方法，再经过反复的折叠擀制而形成很多酥层。玉米酥具有层次外露、酥层清晰的特点，在炸制时要注意控制火力，宜用中小火加热。

**（一）用料**

（1）水油面：低筋面粉300 g，猪油15 g，30℃水145 g。

（2）干油酥：低筋面粉250 g，猪油130 g。

（3）馅心：豆沙馅和莲蓉馅200 g。

（4）装饰：鸡蛋1个。

**（二）流程**

原料准备→馅心准备→揉面擦酥→水油皮擀制→包酥→开酥→切片→包馅心→整形→炸制→成熟装盘

**（三）制作方法**

（1）准备好原料和工具，如图4-2-6-1、图4-2-6-2。

（2）调制水油面和干油酥，如图4-2-6-3、图4-2-6-4。干油酥包入水油面，擀制、叠制、起酥，然后对半切开，刷上蛋液，叠高，斜切成厚约 0.3 cm 的酥坯，擀薄成酥皮，如图 4-2-6-5 至图 4-2-6-10。

（3）酥皮上刷一层薄薄的蛋清，贴上糯米纸，再刷一层蛋液，包入豆沙馅，收口，如图 4-2-6-11 至图 4-2-6-13。

（4）将包好豆沙馅的生坯塑成玉米棒形，如图 4-2-6-14。

（5）另取一块酥坯，斜切酥坯，将一片酥坯对半切然后叠在一起，再用剪刀修出玉米叶子的形状，如图 4-2-6-15、图 4-2-6-16。

（6）将修好的玉米叶子涂上蛋液，再将叶子贴到玉米棒上并整形，如图 4-2-6-17、图 4-2-6-18。

（7）玉米酥生坯底刷上蛋清，放在特制工具上。下 110℃ 油锅中静养，养至酥层模糊，升高油温，出酥层。油温升至 160℃ 关火，待表面呈淡黄色时捞起，沥净油装盘，如图 4-2-6-19、图 4-2-6-20。

**实训过程**

玉米酥制作演示

◉ 图 4-2-6-1　原料准备

◉ 图 4-2-6-2　工具准备

◉ 图 4-2-6-3　调制水油面

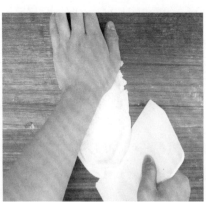

◉ 图 4-2-6-4　掌根部用力向前擦酥成干油酥

◎ 图 4-2-6-5　干油酥包入水
　　　　　　　油面

◎ 图 4-2-6-6　完成包酥

◎ 图 4-2-6-7　擀酥

◎ 图 4-2-6-8　三次叠酥完成

◎ 图 4-2-6-9　斜切酥坯

◎ 图 4-2-6-10　擀酥

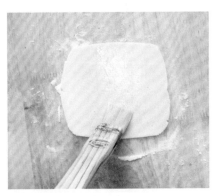

◎ 图 4-2-6-11　刷上蛋液

◎ 图 4-2-6-12　上馅

◉ 图 4-2-6-13　收拢成玉米棒形

◉ 图 4-2-6-14　切塑形状

◉ 图 4-2-6-15　叠酥坯

◉ 图 4-2-6-16　修出叶子的形状

◉ 图 4-2-6-17　将修好的叶子涂上蛋液

◉ 图 4-2-6-18　将叶子贴到玉米棒上并整形

◉ 图 4-2-6-19　炸制

◉ 图 4-2-6-20　玉米酥成品

（四）操作要求

（1）刷蛋液时注意要刷在接口处，而不能刷在酥层处。

（2）起酥时要排除空气，可以采用牙签戳刺除空气的处理方法。

（3）刷蛋液时尽量少而均匀，在酥层连接处刷蛋清，底部可以刷蛋黄。

（4）炸制时注意掌控油温，不宜升温过快。

（五）质量标准

掌握好水油面和干油酥的比例，叠酥不变形，酥层均匀。


# 实例 7 ………… 吴山酥油饼

（一）用料

面粉 125 g，猪油 35 g，白糖 60 g，青梅末 13 g，玫瑰花干 1 朵，糖桂花末 6 g，炸油足量。

（二）流程

干油酥调制→水油面调制→包酥→擀皮→卷筒→下剂→制皮→成熟→装盘

（三）制作方法

（1）将面粉 45 g 加猪油 22 g 擦成干油酥，并做成 3 个剂子。再将面粉 80 g 加沸水 27 g 搅拌成雪花面，摊开冷却，甩凉，加入余下的猪油，充分拌揉成水油面，搓条后下成 3 个剂子。

（2）取水油面剂子一个，用手掌揿扁成圆形，包入干油酥剂子，包拢后揿扁，用擀面杖擀成宽 3.3 cm、厚 0.33 cm 的带状长片（宽度要一致，卷拢的一头要擀薄）。然后卷拢，用刀齐腰切开分成两个等份的剂子，成为两个酥油饼的坯子。将坯子的切面朝上，擀成圆片，成为酥油饼生坯。

（3）将油烧至五成热时，油锅端离火源，逐个放入酥油饼生坯，见饼浮起时，将锅置于中火口，炸至饼呈玉白色，翻面再炸，至两面均呈玉白色时，捞起，将油沥干，装盘，并撒上白糖、青梅末、玫瑰花干、糖桂花末。

（四）质量标准

饼色玉白，酥层分明，松脆香甜。

## 实例 8 ·········· 萝卜丝酥饼

### （一）用料

面粉 125 g，萝卜 120 g，火腿丝 30 g，猪油 50 g，炸油足量，芝麻油、盐、葱花、味精少许。

### （二）流程

干油酥调制→水油面调制→馅料调制→包酥→包馅成形→炸制→装盘

### （三）制作方法

（1）干油酥、水油面调制方法同实例 7。

（2）先将萝卜用水洗净，削去外皮，擦成细丝，用开水焯一下，捞起，凉水浸泡，压去水分，盛入盒内。再放入火腿丝、盐、葱花、味精和剩余的猪油拌匀。

（3）将干油酥包入水油面内，按扁。擀长卷起，转 90° 再擀长，揿扁呈圆形，包入馅料，粘裹上芝麻。放入油锅炸时，开始用温油，炸至面饼浮起，再将油温升高，翻面稍炸至两面呈金黄色即可捞出，装盘。

### （四）操作要求

（1）萝卜丝须加盐腌透，并挤干水分。

（2）酥层要均匀。

（3）油温控制要适当。

### （五）质量标准

外皮酥松爽脆，内馅软滑鲜咸，清香微甜，清新爽口。

拓展训练

● 想一想

1. 油酥产品在油炸成熟过程中应注意哪些问题？

2. 酥皮点心中，甜馅调制的一般配比原则是什么？

● 做一做

1. 在荷花酥、兰花酥、盒子酥、眉毛酥中任选 2 种产品，每种产品制作 1 000 g。

2. 制作吴山酥油饼 10 个。

# 烤制类油酥制品

≈ 面点工作室 ≈

## 实例 1 ········· 榨菜鲜肉月饼

榨菜鲜肉月饼是一道传统名点小吃，主料由榨菜、鲜肉制成，外皮利用传统小包酥的手法制作，酥脆松软，表面色泽金黄，再点上少许黑芝麻，馅心咸鲜，汤汁饱满，美味可口。

**（一）用料**

（1）水油面：低筋面粉 200 g，猪油 50 g，水 80 g，糖 20 g。

（2）干油酥：低筋面粉 135 g，猪油 75 g。

（3）馅心：猪肉 1 000 g，榨菜 300 g，黄酒 30 g，糖 25 g，酱油 25 g，盐 2 g，鸡汁 20 g，水适量。

（4）装饰：鸡蛋 1 个，黑芝麻适量。

**（二）流程**

原料准备→准备馅心→揉面擦酥→水油面擀制→包酥→开酥→烤制→成熟装盘

**（三）制作方法**

（1）准备好原料及工具，如图 4-3-1-1、图 4-3-1-2。

（2）调制干油酥和水油面，如图 4-3-1-3、图 4-3-1-4。干油酥下成 4.5 g 的剂子，水油面下成 10 g 的剂子。将干油酥包入水油面，利用虎口处收口，收口朝下，将包好的面团按扁，收口朝上，擀成薄厚均匀的牛舌状。如图 4-3-1-5、图 4-3-1-6。

（3）将牛舌状面皮卷起，按扁放在一旁饧制。饧制好后擀平，叠三折按扁，再饧制。如图 4-3-1-7 至图 4-3-1-9。

（4）将饧制好的酥皮按扁，从中间往四边擀制，再将边缘擀薄，成中稍厚、边稍薄的圆片，包入 13 g 榨菜鲜肉馅馅料，收口成圆坯，如图 4-3-1-10。

（5）收口处朝下，放置在烤盘中，依次制作完所有生坯，整齐摆放在烤盘上，刷上蛋液，撒上黑芝麻，如图 4-3-1-11。

（6）放入烤箱，以上火 120℃、下火 125℃烤制 30 min，如图 4-3-1-12。

◉ 图 4-3-1-1　原料准备

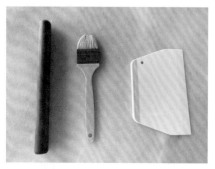

◉ 图 4-3-1-2　工具准备

◉ 图 4-3-1-3　调制水油面

◉ 图 4-3-1-4　掌根部用力向
前擦酥成干油酥

◉ 图 4-3-1-5　干油酥包入
水油面

◉ 图 4-3-1-6　擀成薄厚均匀
的牛舌状

◉ 图 4-3-1-7　将面皮卷起

◉ 图 4-3-1-8　擀平

◎ 图 4-3-1-9　按扁饧制　　◎ 图 4-3-1-10　收拢成圆
　　　　　　　　　　　　　　　　　　　　　球形

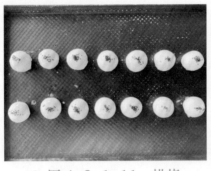

◎ 图 4-3-1-11　烘烤　　　◎ 图 4-3-1-12　榨菜鲜肉月
　　　　　　　　　　　　　　　　　　　　　饼成品

**（四）操作要求**

（1）皮、酥、馅的软硬度要一致，皮宜稍软。开酥时，擀制酥皮需厚薄均匀，注意保湿，防止酥皮干裂。

（2）馅料不宜太稀，最好冷冻凝结再操作。

（3）调制水油面要用总用水量90%的热水来烫，使面团呈雪花状，然后用总用水量10%的冷水和成面团。

（4）烤制温度在120℃上下，上火略高于下火。需烤制上色，至色泽金黄，有鲜香味即可。

**（五）质量标准**

（1）形状：圆正，不流馅，不开口。

（2）色泽：金黄，光亮。

（3）口味：醇正，鲜美。

（4）组织：皮酥均匀，馅料居中。

（5）规格：25 g/只。

（6）卫生：符合中式点心的卫生要求。

## 实例 2 ·········· 佛手酥

### （一）用料

（1）水油面：面粉 300 g，猪油 25 g，水 150 g。

（2）干油酥：面粉 200 g，猪油 100 g。

（3）馅心：豆沙 300 g。

（4）装饰：鸡蛋 1 个。

### （二）流程

干油酥调制→水油面调制→包酥→卷筒→下剂→成形→烘烤

### （三）制作方法

（1）取面粉 200 g、猪油 100 g 搓成干油酥；取面粉 300 g、猪油 25 g、热水 120 g 和成雪花面，摊凉，洒上 30 g 冷水，和成水油面坯。

（2）将干油酥包入水油面中，稍按扁，擀成厚约 0.6 cm 的长方形片，折三层，再擀成长方形片，由下而上卷起，成圆柱形长条。揪成重约 25 g 的剂子，包入重约 10 g 的馅心，呈圆球形。

（3）将生坯搓成椭圆形，一头按扁，用擀面杖轻轻擀一下，然后将面片两侧各切一刀，中间划至馅。中间几条从下向后折，旁边两条扳开，呈佛手果形，表面刷上蛋液。

（4）烘烤：下火 180℃，上火 200℃，时间 15 min。烤至表面金黄即可出炉。

### （四）操作要求

（1）开酥要均匀，切条粗细要均匀。

（2）皮、酥与馅的软硬度要一致。

### （五）质量标准

（1）形状：呈佛手果形，切口清晰，不流馅。

（2）口味：酥香适口，有豆沙的醇正口味。

（3）色泽：表面金黄，底部中黄。

（4）组织：层次清晰，油酥分布均匀。

（5）规格：35 g/ 只。

（6）卫生：符合中式糕点的卫生要求。

### （六）同类产品

菊花酥、百合酥等。

## 实例 3 ·········· 荷叶酥

### （一）用料

（1）水油面：面粉 300 g，油 80 g，饴糖 30 g，开水 130 g。

（2）干油酥：面粉 140 g，油 70 g。

（3）馅心：熟面粉 150 g，砂糖 150 g，油 70 g，麻屑 70 g，食盐 7 g，水 10 g。

（4）装饰：鸡蛋 50 g。

### （二）流程

干油酥调制→水油面调制→分块包酥→破酥→卷酥→下剂→包馅→成形→烘烤

### （三）制作方法

（1）干油酥调制、水油面调制同佛手酥。

（2）馅心调制：熟面粉过筛，砂糖加水打潮，放入油、食盐拌匀，放入熟面粉、麻屑，搅拌成软硬度适中的馅心。

（3）将干油酥及水油面各分成 2 块。

（4）将干油酥放入水油面后擀开，折叠三层，擀成长方形片，中间破酥，分别卷拢成粗细一致的长条，每条下成 6 个剂子。每个剂子包入 18 g 馅心，收口朝下，擀成椭圆形，对折，表面揿鸡爪形花纹，刷上蛋液。

（5）烘烤：下火 200℃，上火 210℃，10 min 左右。烤至表面金黄即可出炉。

### （四）操作要求

（1）皮、酥与馅的软硬度要一致。

（2）卷酥一定要卷紧。

### （五）质量标准

（1）形状：半圆形荷叶状，无漏糖、跑馅现象。

（2）口味：香酥清口，口味醇正，甜咸适中。

（3）色泽：表面金黄，底部中黄，光亮。

（4）组织：皮酥均匀，无死皮，馅心实。

（5）规格：45 g/ 只。

（6）卫生：符合中式点心的卫生要求。

### （六）同类产品

袜底酥、猪油卷酥、豆沙酥等。

## 实例 4 ········· 椒盐小烧饼

**（一）用料**

（1）水油面：面粉 290 g，油 65 g，饴糖 40 g，水 120 g。

（2）干油酥：面粉 50 g，油 23 g。

（3）馅心：熟面粉 280 g，砂糖 115 g，油 100 g，麻屑 32 g，食盐 12 g，水 5 g。

（4）装饰：蛋液 15 g，黑芝麻 10 g。

**（二）流程**

水油面调制→干油酥调制→馅心调制→包酥→破酥→包馅→上糖→刷蛋→烘烤

**（三）制作方法**

（1）水油面调制、干油酥调制同前。

（2）馅心调制：砂糖用水打潮，放入食盐、油拌匀，再放入熟面粉、麻屑拌匀。

（3）分块包酥、破酥、卷筒，做法同前。

（4）将剂条搓匀、搓长，下成 13 g 的剂子，揿扁包入 10 g 馅心，粘裹上黑芝麻，落盘，刷蛋液。

（5）烘烤：炉温 200℃，时间 11 min。烤至表面金黄、底部中黄即可出炉。

**（四）操作要求**

（1）皮、酥、馅软硬度一致。

（2）剂条要紧、要实，以免下剂时松散。

**（五）质量标准**

（1）形状：圆正、光洁。无漏糖、跑馅现象。

（2）色泽：表面金黄，底部中黄，光亮。

（3）组织：皮酥均匀，馅心居中，无洞孔。

（4）口味：椒盐。

（5）规格：22～24 只 /500 g。

（6）卫生：符合中式糕点的卫生要求。


## 实例 5 ········· 苏式月饼

**（一）用料**

（1）水油面：面粉 100 g，猪油 32.5 g，饴糖 10 g，水 30 g。

（2）干油酥：面粉 50 g，猪油 25 g。

（3）馅心

① 百果：熟面粉 30 g，熟粳米粉 30 g，绵白糖 120 g，金橘饼 15 g，猪油 50 g，青梅 7.5 g，桃仁 25 g，松仁 5 g，瓜子仁 5 g，糖桂花 5 g。

② 椒盐：熟面粉 30 g，麻屑 30 g，绵白糖 120 g，饴糖 10 g，猪油 50 g，桃仁 25 g，食盐 3 g，瓜子仁 7.5 g，糖冬瓜 25 g，花椒粉 0.1 g，味精 1 g，猪油丁 250 g。

③ 豆沙：橘皮 5 g，豆沙 250 g，糖桂花 5 g，糖猪油 30 g。

**（二）流程**

水油面调制→干油酥调制→馅心调制→分块→包酥→摘剂→包馅→成形→烘烤→冷却→成品

**（三）制作方法**

（1）水油面调制：将猪油、饴糖拌匀，冲入总用水量 80% 的开水与面粉搅拌均匀，再逐步加入其余的冷水搅拌成面团。

（2）干油酥调制：将面粉与猪油拌匀，擦匀、擦透。

（3）馅心调制：将糖用水打潮，加入其余辅料，拌匀，最后加入熟面粉拌匀。

（4）将水油面和干油酥各分成八块，包酥后，擀开，将两端向中间对折后再擀开，中间破酥，分别向两边卷起，卷紧卷实。

（5）将卷成长条的皮坯搓长，下成 5 个剂子，规格 26 g 左右。

（6）包馅：将剂子揿扁（呈中间稍厚、四边稍薄的扁圆片），包入 28 g 左右的馅料。收口成圆球形，同时在收口处粘上小白纸，落盘，表面盖上小印章，再翻转，面朝下、底朝上，进炉烘烤。

（7）烘烤：炉温 250℃，时间 10 min。

**（四）操作要求**

（1）皮、酥、馅软硬度一致。

（2）可以采用小包酥制作。

（3）用热水调制水油面。

（4）馅料不宜太潮。

（5）盘面间距要适当。

（6）收口要居中，厚薄要均匀。

**（五）质量标准**

（1）色泽：表面呈金黄或橙黄色，油润而有光泽，四周呈乳黄色，底黄而不焦。

（2）形状：外形微凸，呈扁鼓形，饱满匀称，无僵缩，不跑糖，不露馅，底部收口居中，不漏底，四周微见酥层，无碎片。

（3）内部组织：酥皮层次分明，厚薄均匀，馅料软硬适度，果料大小适中，无杂质，包馅紧密贴皮，无松散、空心现象。

（4）口味：入口松酥不腻，肥润甜美，口味醇正，无生面味，无其他异味。

（5）规格：符合设计要求。

（6）卫生：符合中式糕点的卫生要求。

**（六）同类产品**

金腿月饼、玫瑰月饼、芙蓉月饼、干菜月饼等。

● **想一想**

1. 油酥产品在烤制成熟过程中，应注意哪些问题？

2. 苏式月饼皮面调制为何要采用热水？后面又为何要加少量冷水？

3. 榨菜鲜肉月饼与苏式百果月饼的皮面有什么不同？为什么？

4. 苏式月饼烘烤时应注意哪些问题？

5. 写出 50 kg 苏式百果月饼的基本配方。

● **做一做**

1. 在椒盐小烧饼、荷叶酥、佛手酥等油酥产品中任选 2 种产品，每种产品制作 1 000 g。

2. 制作榨菜鲜肉月饼 12 个。

3. 制作油酥总盘 1 个（主体产品 12 件）。

## 评分标准

### （一）单项产品

| 评分项目 | 标准分 | 减分幅度 | | | | 扣分原因 | 实得分 |
| --- | --- | --- | --- | --- | --- | --- | --- |
| | | 优 | 良 | 中 | 差 | | |
| 色泽 | 15 | 1~2 | 3~5 | 6~8 | 9~14 | | |
| 形态 | 15 | 1~2 | 3~5 | 6~8 | 9~14 | | |
| 组织 | 20 | 1~3 | 4~7 | 8~10 | 11~19 | | |
| 口味 | 20 | 1~3 | 4~7 | 8~10 | 11~19 | | |

| 评分项目 | 标准分 | 减分幅度 | | | | 扣分原因 | 实得分 |
|---|---|---|---|---|---|---|---|
| | | 优 | 良 | 中 | 差 | | |
| 火候 | 15 | 1～2 | 3～5 | 6～8 | 9～14 | | |
| 现场过失 | 15 | 1～2 | 3～5 | 6～8 | 9～14 | | |

## （二）总盘产品

| 评分项目 | 标准分 | 减分幅度 | | | | 扣分原因 | 实得分 |
|---|---|---|---|---|---|---|---|
| | | 优 | 良 | 中 | 差 | | |
| 主题 | 10 | 1～2 | 3～4 | 5～6 | 7～9 | | |
| 艺术性 | 15 | 1～3 | 4～5 | 6～7 | 8～14 | | |
| 色泽 | 10 | 1～2 | 3～4 | 5～6 | 7～9 | | |
| 形态 | 15 | 1～3 | 4～5 | 6～7 | 8～14 | | |
| 组织 | 15 | 1～3 | 4～5 | 6～7 | 8～14 | | |
| 口味 | 15 | 1～3 | 4～5 | 6～7 | 8～14 | | |
| 火候 | 10 | 1～2 | 3～4 | 5～6 | 7～9 | | |
| 现场过失 | 10 | 1～2 | 3～4 | 5～6 | 7～9 | | |

# 项目五
# 米及米粉制品

 ···· 项目介绍

　　此项目主要介绍米、米粉面团制品，其种类很多，主要可分为饭、粥、糕、团、球、船点等。

 ···· 学习目标

### 终极目标

　　学会并掌握澄粉面团调制技术。

　　学会熬粥、炒饭，并掌握 3 种以上品种制作技术。

　　能熟练制作 6 种以上船点产品。

　　能熟练制作 3 种以上澄面产品。

### 过程目标

　　提高技能水平，树立竞争意识，增强竞争能力；养成良好的"一手清"操作习惯。

 任 务 一

# 饭

≈ 面点工作室 ≈

## 实例 1 ……… 花色饭

花色饭是餐饮业经营的主要品种，如炒饭、蒸饭、菜饭等。现以鸡蛋炒饭为例进行介绍。

**（一）用料**

米饭 200 g，鸡蛋 1 个，食用油 20 g，味精、葱花和食盐适量。

**（二）流程**

炒蛋→炒饭→加入调料→装盘

**（三）制作方法**

（1）将鸡蛋打入碗内，搅匀，油下锅烧热，将蛋液放入锅中炒熟、炒碎。

（2）加入米饭、葱花、食盐、味精一起翻炒，煸炒均匀即可装盘。食用时可辅以高汤。

**（四）操作要求**

（1）配料不同，可制成不同的炒饭。

（2）盖浇饭是将配料烹制成熟后直接盖在米饭上，即制成各式盖浇饭。菜饭是在焖饭时拌以配料，盖上锅盖，以小火焖熟，但必须在米饭水分快干时投入配料，防止菜烂变色。一般配料先用猪油略炒一下。

**（五）质量标准**

色泽油亮、清香浓郁。

**（六）同类产品**

肉丝炒饭、什锦炒饭、牛肉盖饭、鸡块盖饭等。

## 实例 2 ……… 八宝饭

**（一）用料**

糯米 250 g，莲子 10 粒，桂圆肉 10 片，蜜枣 10 颗，葡萄干 10 粒，青梅 10 g，瓜条

10 g，金糕条 10 g，豆沙馅 50 g，白糖 75 g，猪油 20 g。

**（二）流程**

泡米→蒸米→成形→成熟

**（三）制作方法**

（1）将糯米洗净，用冷水浸泡 2～3 h 捞出，放在挂好屉布的笼屉内摊开，盖严屉盖，蒸制 20 min。

（2）将蒸熟的米倒入盆中，加入白糖 15 g、猪油拌匀。

（3）取一只大碗，在其内壁涂上一层猪油，将莲子、桂圆肉、蜜枣等所有果料在碗内壁上摆成鲜艳美观的形状，先将一半的熟糯米放入碗内，加一层豆沙馅，再将另一半熟糯米放入碗内铺平，上锅用旺火蒸透。

（4）将大于碗直径的餐盘扣在蒸好八宝饭的碗上，翻转后将碗取下，浇上用白糖 60 g 加水 120 g 熬煮好的糖汁（糖汁内可勾少量芡汁）。

**（四）操作要求**

（1）米要蒸熟，不可夹生，但也不要太软烂。

（2）放米饭时要注意不要破坏碗中的图案。

**（五）质量标准**

清香甜糯，美观大方。

● **想一想**

1. 如何制作花色饭？

2. 制作八宝饭应注意哪些问题？

## 任务二

# 粥

≈ **面点工作室** ≈

实例 ·········· **白粥**

**（一）用料**

粳米 125 g，清水 1 000 g。

**（二）流程**

淘洗米→泡米→煮制

**（三）制作方法**

（1）将粳米淘洗干净，放入冷水中浸泡 5～6 h。

（2）将清水放入锅中，上火烧开，再将泡好的米放入开水中，待水再烧开后，改用小火煮至粥汤稠浓。

**（四）操作要求**

（1）米要洗净后再泡，水烧开后改用小火。

（2）防止煳底。

（3）花色粥的一般煮法是将配料与米同时煮焖，如绿豆粥、红豆粥、腊八粥等。另一类花色粥是煮好粥后冲入各种配料，如鱼片粥，是将新鲜的鱼切成薄片，加姜末、葱花放入碗底，将粥烧开，加适量猪油、味精、盐等调料，调好口味，将粥冲入鱼碗，调拌均匀，成为鱼片粥。

**（五）质量标准**

粥汤浓稠，易于消化。

**（六）同类产品**

肉松粥、虾仁粥、皮蛋粥、青菜粥、猪肝粥、小肠粥、鸡丝粥、肉末粥等。

● 想一想

花色粥有哪些煮法？

任 务 三

# 糕

## ≋ 主题知识 ≋

## 一、米糕类品种调制工艺

### （一）松质糕调制工艺

松质糕的基本工艺程序是先成形、后成熟。成品具有多孔、松软的特点且大多具有甜味。在工艺方法上可分为清水拌和与糖浆拌和两种。

1. 白糕粉坯

白糕粉坯属于清水拌和的工艺方法。白糕粉坯只用冷水与米粉拌和，使之成为粉粒状（或糊浆状）。再根据不同品种的要求，选用目数不同的粉筛，将米粉（或糊浆）筛入（或倒入）各种模具中，蒸制成形。白糕粉坯的调制工艺中需注意两点：① 要根据米粉的种类、粉质的粗细及各种米粉的配比，掌握适当的掺水量；② 为使米粉均匀吸水，要同时进行抄拌和掺水，拌好后要静置饧制。

2. 糖糕粉坯

糖糕粉坯属于糖浆拌和的工艺方法。糖糕粉坯只用糖浆与米粉拌和，粉坯拌匀、拌透后，可用于制作特色糕点品种。糖糕粉坯的调制工艺与要求和白糕粉坯相同。

### （二）黏质糕调制工艺

黏质糕的基本工艺程序是先成熟、后成形。成品具有黏、韧、软、糯等特点，一般以甜味或甜馅品种居多。

黏质糕的拌粉工艺与松质糕相同，但黏质糕在糕粉蒸熟后需放入搅拌机内加冷开水搅打均匀，再取出分块、搓条、下剂、制皮、包馅、成形。

制作米糕类品种时，检验其成熟与否的方法是：将筷子插入蒸过的粉坯中，拉出后观察有无黏糊，没有黏糊者即为成熟。

## 二、米粉类品种调制工艺

### （一）生粉坯调制工艺

生粉坯的基本工艺程序为先成形、后成熟。其特点是可包入多卤的馅心、皮薄、馅多、黏糯、吃口润滑。生粉坯调制工艺有两种。

1. 泡心法

先将糯、粳掺合的米粉倒入缸内，中间开成窝，冲入适量的沸水，将中间的米粉烫熟，再加适量的冷水将四周的干粉与熟粉一起反复揉和，揉至软滑不粘手即成。

泡心法工艺需注意两点：① 冲入沸水在前，掺入冷水在后，不可颠倒。② 沸水的掺水量要准确，若沸水过多，粉坯粘手，难于成形；若沸水过少，成品易裂口影响质量。泡心法适用于干磨粉和湿磨粉。

2. 煮芡法

取 1/3 份的干粉，加冷水拌成粉团。将粉团投入沸水中煮熟成"芡"，将芡捞出后与其余的干粉揉搓至光洁、不粘手为止。

煮芡法工艺需注意两点：① 根据气候、粉质掌握正确的用芡量。天气热、粉质湿，用芡量可少；天气冷、粉质干，用芡量可多。凡用芡量少了，成品易裂口；凡用芡量多了，易粘手而影响后续工艺操作。② 煮芡一般应沸水下锅，且需轻轻搅动，使之漂浮于水面 3～5 min，否则易沉底粘锅。

### （二）熟粉坯调制工艺

熟粉坯调制工艺与黏质糕调制工艺相同。

## 三、发酵米浆类品种调制工艺

发酵米浆是由米粉发酵后制成的。糯米和粳米含支链淀粉多，因而不宜用于发酵，而籼米粉含支链淀粉少，可以采用交叉膨松的方法使其发酵。

发酵米浆的一般工艺是：先用 1/10 份的米粉加水煮成熟芡，放凉后和其余生米粉浆拌和搅匀，再加入糕肥（发酵过的米粉）、水拌和搅匀，置于温暖处发酵。粉坯发酵后，再加入白糖、发酵粉、枧水拌匀即可。枧水是广式面点中常用的一种碱水，它是从草木灰中提取制成的，其化学性质与食用碱相似。

发酵米浆调制工艺需注意：粉坯发酵后，要先放糖拌和，使糖溶化被吸收，再放发酵粉、枧水，搅拌均匀。

## 实例 1 ········· 年糕

**（一）用料**

糯米粉 500 g，砂糖 300 g，猪油 50 g，清水 400 g，桂花、玫瑰适量。

**（二）流程**

煮糖水→和粉坯→熟制→成形

**（三）制作方法**

（1）将砂糖、清水放入锅中，上火煮至糖溶化，放凉。

（2）将糖水、猪油倒入糯米粉中，搅成糕坯，上蒸锅用旺火沸水蒸制 40 min。

（3）将蒸熟的年糕取出，放在案口压成 1.5 cm 的薄片，冷却后卷成直径 5 cm 的卷，切成厚约 2 cm 的圆片，撒上桂花、玫瑰即可。

**（四）操作要求**

糕坯一定要蒸熟、蒸透。

**（五）质量标准**

软、糯、香甜可口。

## 实例 2 ········· 重阳糕

**（一）用料**

主料：糕粉 3 000 g，栗子泥 1 000 g（栗子去皮壳捣烂成泥），黄糖 1 000 g（或红白糖各半），熟猪油 500 g。

撒面料：黄糖 500 g，熏青豆 200 g，黑芝麻 200 g，红枣片 200 g，瓜子仁 100 g，松子仁 100 g，糖青梅丝 100 g，糖茭白丝 100 g，黄桂花 10 g。

**（二）流程**

和粉坯→上笼→成形→成熟

**（三）制作方法**

（1）将主料的糕粉、栗子泥和 1/2 的黄糖拌和，把熟猪油和余下的黄糖混合，分三层放到蒸笼中，中间一层是混油的糖粉。然后再将撒面料的原料拌和，加在糕面上。

（2）蒸前用刀片划成斜方块，再行蒸熟。

（3）食用宜新鲜，存放过久则质地变硬，食用时需复蒸加热。

**（四）质量标准**

松软滋润，不过分软烂，无水分渗出，表面辅料不疏松脱落。

- **想一想**

1. 简述年糕的制作方法。
2. 简述重阳糕的制作方法。

任 务 四

# 团

≋ **面点工作室** ≋

**实例 1** ········· **汤圆**

据传，汤圆起源于宋朝。当时兴起一种新奇的吃食，即用黑芝麻、猪油做馅，加入少许白砂糖，用糯米粉制作外皮，包入馅料煮熟后，吃起来香甜味美，软糯可口。因为这种糯米汤圆煮在锅里又浮又沉，所以它最早叫"浮元子"，后来有的地区把"浮元子"改称"汤圆"。汤圆象征团圆和美好，吃汤圆意味新的一年阖家幸福、团团圆圆，所以是正月十五元宵节必备美食。在南方某些地区，人们在春节的时候也习惯吃汤圆，而不是饺子。

**（一）用料**

水磨糯米粉 250 g，沸水 160 g，芝麻馅 160 g。

**（二）流程**

原料准备→和面→等分→包馅→成形→煮制

**（三）制作方法**

（1）准备好原料及工具，如图 5-4-1-1、图 5-4-1-2。

（2）取 250 g 水磨糯米粉加 160 g 清水，用筷子搅拌成絮状后，双手直接揉和擦透成团，揉至不粘手，缸边光滑为度，如图 5-4-1-3。

（3）将揉制好的粉团搓条，均匀等分，摘成每只 24 g 的剂子，如图 5-4-1-4。

（4）将芝麻馅搓成圆形，每只 15 g。将等分好的粉团按出窝，包入芝麻馅，然后收口，如图 5-4-1-5。

（5）起锅烧水，汤圆生坯须在水沸腾后入锅，用铁勺顺底轻轻推动，以防粘底。一般煮制 10 min 即可，但还须焖 3～4 min，待馅心熟透后才可捞出。如图 5-4-1-6、图 5-4-1-7。

**实训过程**

汤圆制作演示

◎ 图 5-4-1-1　原料准备

◎ 图 5-4-1-2　工具准备

◎ 图 5-4-1-3　和面

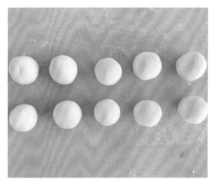

◎ 图 5-4-1-4　等分

◎ 图 5-4-1-5　包馅

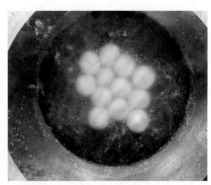

◎ 图 5-4-1-6　水沸入锅煮制

◉ 图 5-4-1-7　装盘

### （四）操作要求

（1）收口要收牢，以免煮时露馅。

（2）煮制过程中，水不能过沸，也不能停滚，应保持水清澈。

### （五）质量标准

软糯、滑润，甜咸皆宜。

### （六）同类产品

鲜肉汤圆、豆沙汤圆等。

## 实例 2 ………… 元宵

### （一）用料

糯米粉 100 g，熟面粉 20 g，绵白糖 35 g，熟芝麻 1.5 g，熟花生仁 2 g，熟核桃仁 2 g，青梅 1 g，金糕条 1 g，芝麻油 2 g，糖桂花 1 g。

### （二）流程

制馅→分馅→成形→熟制

### （三）制作方法

（1）将熟花生仁、熟核桃仁、青梅、金糕条、熟芝麻切碎，与绵白糖、15 g 熟面粉拌和均匀。另用 5 g 熟面粉加适量清水熬成糨糊状，倒入拌匀的馅料中，加入糖桂花、芝麻油搅拌均匀，拍成 1 cm 厚的长方形坚实的块，再切成方丁成为膏馅。

（2）将糯米粉放入簸箕内，把切好的馅心放入漏勺内沾水，再倒入簸箕内来回晃动，反复沾水，晃动四五次制成直径 4 cm 左右的圆球形元宵。

（3）锅内加水，上火烧开，放入元宵生坯，用勺背轻轻推开，加数次少量冷水，待元宵浮上水面且软糯时即可捞出。

**（四）操作要求**

馅心要压实，滚动粘粉要均匀。

**（五）质量标准**

色洁白，软糯，口味香甜。

● **想一想**

1. 煮制汤圆应注意哪些问题？

2. 汤圆和元宵的制作有哪些异同之处？

任务五

# 球

### 面点工作室

### 实例 ………… 麻球

**（一）用料**

糯米粉 100 g，砂糖 35 g，猪油 10 g，熟澄粉 20 g，温水 80 g，白芝麻 25 g，莲蓉馅 50 g，炸油足量。

**（二）流程**

面坯调制→摘剂→上馅→成形→粘裹芝麻→油炸→装盘

**（三）制作方法**

（1）准备好原料和工具，如图 5-5-1-1、图 5-5-1-2。

（2）用温水将砂糖溶化，加入猪油，拌入糯米粉，搅拌均匀。

（3）将熟澄粉拌入面团中，擦匀擦透。

（4）将面坯切块，搓条，下成8个剂子，包入莲蓉馅，收口呈圆形，如图5-5-1-3、图5-5-1-4。

（5）在生坯表面粘裹滚匀白芝麻，如图5-5-1-5。

（6）将油熬至五成热，关闭火源，投入麻球生坯，待生坯全部浮出油面时，继续加热至成熟，如图5-5-1-6、图5 5-1-7。

**实训过程**

◉ 图5-5-1-1　原料准备

◉ 图5-5-1-2　工具准备

麻球制作演示

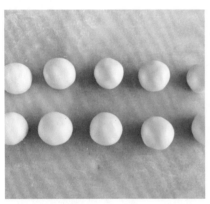
◉ 图5-5-1-3　下剂

◉ 图5-5-1-4　上馅

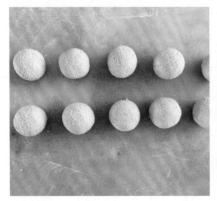
◉ 图5-5-1-5　粘裹上芝麻

◉ 图5-5-1-6　炸制

◉ 图 5-5-1-7　成品

**（四）操作要求**

（1）面团要擦匀擦透。

（2）油温要先低后高。

（3）成品不宜堆码，以免被压扁。

**（五）质量标准**

（1）形状：圆球形，表面芝麻分布均匀，不破皮露馅。

（2）色泽：呈棕黄色。

（3）口味：香甜可口。

（4）规格：符合设计要求。

（5）组织：外皮微脆，内质黏韧。

（6）卫生：符合中式点心的卫生要求。

● **想一想**

简述制作麻球的全过程。

# 船点

船点，是以米粉为坯料，包入各种馅心，捏制成形，蒸制成熟的点心。此类产品色泽鲜艳，形态逼真，馅心味美，香糯可口。

## 面点工作室

## 实例 **1** ··········· **象形草莓**

象形草莓是用澄粉面团制成的。澄粉面团色泽洁白，成熟后呈透明或半透明状，带有淡淡甜味，口感嫩滑。由于淀粉的糊化作用，澄粉面团黏性强、韧性差，柔软细腻，具有良好的可塑性。植物类象形点心多以甜馅为主，一般多用枣泥馅、细甜豆沙馅、莲蓉馅、芝麻馅等。

**（一）用料**

澄面 500 g，莲蓉馅 120 g，白糖 20 g，猪油 10 g，红曲粉 20 g，草莓酱 30 g，白芝麻适量，菠菜汁 100 g，沸水 120 g。

**（二）流程**

面坯调制→馅料调制→成形→成熟→成品

**（三）制作方法**

（1）准备原料，如图 5-6-1-1。将澄面 250 g、白糖 10 g、红曲粉 20 g 倒入碗中，加入烧开的沸水，利用筷子快速搅拌均匀。同样，将澄面 250 g、白糖 10 g 倒入碗中，加入烧开的菠菜汁，利用筷子快速搅拌均匀。将调制成团的两块面团分别加入 5 g 猪油揉至光滑细腻，分别为红色面团与绿色面团，备用。如图 5-6-1-2。

（2）将两块面团搓成细长条，切成剂子，同时搓好馅心，如图 5-6-1-3。

（3）将红色剂子擀成皮，包入莲蓉馅，将外表捏成水滴状，再均匀地粘上白芝麻，如图 5-6-1-4 至图 5-6-1-6。

（4）将绿色剂子擀开，刻成草莓果蒂的形状，粘到做好的草莓上，如图 5-6-1-7、图 5-6-1-8。

（5）将制作完成的草莓生坯逐个放入蒸笼中，蒸制 8 min，最后再完成装盘，如图 5-6-1-9、图 5-6-1-10。

◉ 图 5-6-1-1　原料准备

◉ 图 5-6-1-2　和成面团

◉ 图 5-6-1-3　下剂

◉ 图 5-6-1-4　上馅

◉ 图 5-6-1-5　整成水滴状

◉ 图 5-6-1-6　粘上芝麻

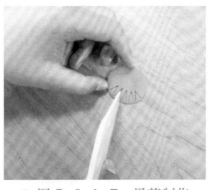

◉ 图 5-6-1-7　果蒂制作

◉ 图 5-6-1-8　安装果蒂

◉ 图 5-6-1-9　上笼蒸制

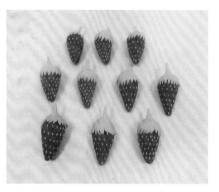

◉ 图 5-6-1-10　成品

**（四）操作要求**

（1）草莓的果蒂要做出 9～10 个锯齿，粘贴果蒂时要做一些变化，可以将果蒂全部贴合，也可以将果蒂的叶尖卷起，使草莓更加形象逼真。

（2）戳制草莓身上的小孔时要把握其自然规律，下一行的小孔与上一行的小孔要交错排布。

（3）粘白芝麻时要注意白芝麻的方向，让白芝麻的尖角始终朝着草莓的尖角方向。

（4）烫面时一定要用沸水，要快速搅拌将其烫熟，趁热揉透并揉成团。

## 实例 2 ·········· 象形核桃

象形核桃是一种米粉类制品，它利用米粉类面团可塑性强的特点，制作的象形点心尤为生动逼真。

**（一）用料**

（1）面团：澄粉 250 g，可可粉 50 g，白糖 10 g，猪油 5 g，沸水 120 g。

（2）馅心：核桃仁 80 g，红糖 10 g，黑芝麻、白芝麻适量。

**（二）流程**

馅心制作→面团制作→下剂→上馅→成形→成熟

**（三）制作方法**

（1）准备原料，如图 5-6-2-1。准备夹制工具，如图 5-6-2-2。

①馅心制作：先把核桃仁敲碎，准备平底锅，将核桃碎放入，再加入黑芝麻和白芝麻炒熟，盛出备用。再将红糖放入平底锅中熬成糖浆。最后将核桃芝麻碎放入红糖糖浆中翻拌均匀，盛出备用。

②面团制作：将澄粉 250 g、白糖 10 g、可可粉 50 g 倒入碗中，加入烧开的沸水，利用

筷子快速搅拌均匀。将调制成团的面团加入 5 g 猪油揉至光滑细腻备用。如图 5-6-2-3。

（2）将面团搓成细长条，下剂，擀成圆形厚皮，如图 5-6-2-4。

（3）在擀好的面皮中放入核桃芝麻馅，收口，呈圆球形，如图 5-6-2-5、图 5-6-2-6。

（4）利用夹子夹出核桃的形状和纹理，如图 5-6-2-7、图 5-6-2-8。

（5）将制作完成的核桃逐个放入蒸笼中，蒸制 8 min。最后成品装盘。如图 5-6-2-9、图 5-6-2-10。

**实训过程**

◉ 图 5-6-2-1　原料

◉ 图 5-6-2-2　工具

◉ 图 5-6-2-3　和成面团

◉ 图 5-6-2-4　下剂

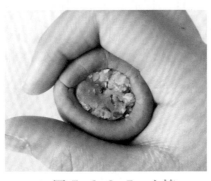

◉ 图 5-6-2-5　上馅

◉ 图 5-6-2-6　收拢搓成圆
球形

● 图 5-6-2-7　夹出中间的
　　　　　　 纹理

● 图 5-6-2-8　夹出核桃果纹

● 图 5-6-2-9　上笼蒸制

● 图 5-6-2-10　成品

**（四）操作要求**

（1）剂子要均匀一致，大小与实物相符。

（2）烫制澄粉时一定要将沸水倒入澄粉中，并趁热揉透，揉成团。

（3）要做到核桃表面条纹的间距均匀，深浅一致。

（4）粉团的着色要与实物相符，颜色不宜过深或过浅，最好使用天然食用色素。

**（五）质量标准**

制作精巧，色泽鲜艳，形态逼真，馅心讲究，口味独特，香糯可口。

**（六）同类产品**

1. 象形小白兔

（1）将包入馅心的生坯搓成椭圆形。尖端处做嘴，用剪刀剪出三瓣嘴唇。耳朵自后向前剪出，耳朵应略长，中间用骨针揿一条槽。

（2）腹部捏出四只脚，尾部用剪刀剪出短尾，最后用红色粉团搓两粒眼睛按在面部两侧，即成小白兔生坯。

2. 象形小猪

（1）将包入馅心的生坯搓成前尖后圆的形态，在前尖部位捏出猪头，鼻冲前平，用骨针开出 2 个洞，再剪出嘴巴，呈微微张开状。

（2）在头部自后向前剪出两只耳朵，用手捏扁，在耳朵的两侧按上两粒芝麻作为眼睛。

腹部下面捏出前后腿，作蹲着姿势。臀部捏出尾巴，并将其捏成向后转一圈，显得活泼些（小猪生坯的形态要肥胖，比例要正确）。

3. 象形柿子

（1）将面团分别调色成棕色及金黄色。

（2）将金黄色面团摘成小剂子，包入馅心后，中间用拇指揿扁。另用棕色面团做柿盖，柿盖四周卷起，当中用骨针戳出一个小洞，装上小梗即成柿子生坯。

4. 象形青椒

（1）将面团分别调色成深绿色与浅绿色。

（2）将浅绿色面团包入 6 g 馅心，捏拢后搓成一头尖的细长块，呈青椒状。另外的深绿色面团做成青椒的蒂盖，在青椒的边上用面挑印上几条印迹。将青椒造型略修整，使形态更逼真。

5. 象形荸荠

（1）将面团分别调色成红色及黑棕色。

（2）将红色面团下剂，分别包入 6 g 馅心，搓圆，收口朝下，中间用拇指揿一个凹塘成荸荠生胚。再用黑棕色粉团搓成比粉丝略细的长条，在荸荠的上端、下端各围一圈，再搓成较粗的 3 cm 长、两头尖的条状（三根），相绞对折，尖头向上安在顶端。再取一小块白色面团搓成极细的丝，约 7 cm 长（共 5~6 根），对折，用骨针安放在荸荠四围作为嫩芽。

用同样的方法还可制出：柠檬、青菱、番茄、石榴、橘子、枇杷、杧果、茄子、黄梨、苹果、秋叶等。

6. 象形企鹅

（1）将部分面团调色成棕色。

（2）包入 8 g 馅心的生坯，收口捏拢向下放，搓成长圆形。将棕色面团揿薄，自头部至背部覆在白色生坯上粘住，捏出头形、嘴形，沿棕色部分剪出两个翅膀，两条腿中间用面挑按出印痕，装上爪子、眼睛即成。

用同样的方法还可捏出：小鸡、小鹅、小狗、小鸭、熊猫、大象、鸽子等。

**（七）注意事项**

（1）添加"熟芡"要适量，加少了不上劲，加多了则太黏。

（2）用中火蒸熟，防止变形。

（3）粉团随擦随做，及时上笼蒸熟，防止"脱芡"。

（4）船点的着色要用植物色素。

（5）运用的馅料可甜可咸，也可采用椒盐味。

（6）以上各类造型也可采用澄粉面团制作。

拓展
训练

● **想一想**

船点制作应注意哪些问题？

● **做一做**

1. 制作 10 种不同造型的船点产品。

2. 制作船点总盘 1 只（主体产品 12 件）。

任务七

# 澄面

≈ **主题知识** ≈

## 一、澄粉面团调制工艺

澄粉面团的基本工艺过程是将澄粉倒入沸水锅中烫熟，用擀面杖搅匀，在抹过油的案板上揉至光滑。各地面点师还常根据点心品种的不同要求，在面团中加入适量的生粉（澄粉：生粉 =1：0.3）、猪油（粉：油 =1：0.5）、吉士粉，咸点心加盐、味精，甜点心加糖，等等。制作点心时，一般以刀压皮，包馅蒸制；若以手捏皮，包馅炸制。

用澄粉面团制作的成品，一般具有色泽洁白、呈半透明状、细腻柔软、口感嫩滑，蒸制品爽、炸制品脆的特点。

澄粉面团调制工艺中需注意以下两点：① 调制澄粉面团要烫熟，否则蒸后不爽口，会出现粘牙现象。② 澄粉面团搓揉光滑后，需趁热盖上半潮湿的洁净白布，以免表面风干结皮。

## 二、鱼茸面团调制工艺

鱼茸面团的基本工艺过程是先将鱼肉切碎剁烂成茸，放入盆内加盐，分次逐渐加水用力挞透搅拌，直至发黏上劲，再加入其他调味品，如味精、胡椒粉、芝麻油，最后加入生粉，搅拌成团。制作点心时，蘸少量淀粉，压薄成皮，包馅熟制即可。

用鱼茸面团制作的成品具有爽滑、味鲜的特点。

鱼茸面团调制工艺中需要注意：搅拌鱼茸要始终沿一个方向用力，不可倒搅或乱搅，否则鱼胶松散，不能产生黏性。

## 三、虾茸面团调制工艺

虾茸面团的基本工艺过程是先将虾肉洗净晾干，剁碎压烂成茸，用精盐将虾茸拌挞至发黏起胶，再加入生粉拌匀。制作点心时，以生粉做焙（干面），将其开薄成皮，直接包入馅心后熟制。

用虾茸面团制作的点心具有味道鲜美、软硬适度、无虾腥味、营养丰富的特点。

## 四、果蔬类面团调制工艺

果蔬类面团一般以水果和根茎类蔬菜为主原料，如胡萝卜、豌豆、马铃薯、山药、芋头、荸荠（马蹄）、莲子、栗子、菱角等。

果蔬类面团的基本工艺过程是先将原料去皮煮熟、压烂成泥、过箩，然后加入糯米粉或生粉、澄粉（下料标准因原料、点心品种不同而异）和匀，再加入猪油和其他调料，咸点可加盐、味精、胡椒粉，甜点可加糖、桂花酱、可可粉。将所有原料调成面团后即可直接下剂，制皮，包馅。

用果蔬类面团制作的点心都具有其主要原料本身特有的滋味和天然色泽，一般甜点爽脆、甜软，咸点松软、鲜香、味浓。

## 五、薯类面团调制工艺

薯类面团是以含淀粉较多的薯类为原料，如甘薯等。

薯类面团的基本工艺过程是将薯类去皮、蒸熟、压烂、去筋，趁热加入填加料（米粉、面粉、糖、油等）揉搓均匀即成。制作点心时，一般以手按皮或捏皮，包入馅心，成熟时或蒸或炸（炸制时，以包裹蛋液为好。）

用薯类面团制作的点心一般成品松软香嫩，具有薯类特殊的味道。

薯类面团调制工艺中需注意以下两点：① 蒸薯类原料的时间不宜过长，蒸熟即可，以防止吸水过多，使薯茸太稀，难以操作。② 糖和米粉需趁热掺入薯泥中，随后加入猪油，折叠即可。

## 六、糕粉调制工艺

糕粉又称加工粉、潮州粉，是用糯米经过特殊加工制成的粉料。糕粉的基本工艺过程是将糯米加水浸泡之后滤干，放入锅内，用小火焗炒至水干、米发脆时取出冷却，再磨成米粉。

糕粉吸水力强，广式点心中常用它调制馅心，一般不用来做点心面团。

≋ **面点工作室** ≋

## 实例 **1** ·········· **象形熊猫**

象形熊猫是用澄粉做的一种象形点心，制作象形熊猫时需要掺入不同颜色的食用色素或蔬菜汁，将粉团捏成不同形态。象形熊猫的形态要生动，身体姿势要各异。

**（一）用料**

澄粉 500 g，莲蓉馅 60 g，白糖 20 g，猪油 10 g，沸水 240 g，竹炭粉 50 g。

**（二）流程**

原料准备→调制澄粉面团→下剂→上馅→捏制成形→成熟

**（三）制作方法**

（1）原料准备，如图 5-7-1-1。将澄粉 250 g、白糖 10 g、竹炭粉 50 g 倒入碗中，加入烧开的沸水，利用筷子快速搅拌均匀。同样，将澄粉 250 g、白糖 10 g 倒入碗中，加入烧开的沸水，利用筷子快速搅拌均匀。将调制成团的两块面团分别加入 5 g 猪油揉至光滑细腻备用。如图 5-7-1-2。

（2）取白色面团下剂，搓条擀皮，包入莲蓉馅，呈椭圆形（身体），如图 5-7-1-3、图 5-7-1-4。

（3）再取一个较小的白色面团搓圆当熊猫的头，如图 5-7-1-5。

（4）取黑色面团搓成熊猫的眼睛、耳朵和嘴巴，如图 5-7-1-6、图 5-7-1-7。

（5）把眼睛、耳朵和嘴巴拼接在白色面团上，如图 5-7-1-8。

（6）取黑色面团搓出熊猫的四肢，安装上去即成生坯，如图 5-7-1-9、图 5-7-1-10。

（7）将制作完成的熊猫生坯逐个放入蒸笼中，蒸制 8 min。最后成品装盘。如图 5-7-1-11、图 5-7-1-12。

◉ 图 5-7-1-1　原料准备

◉ 图 5-7-1-2　和成面团

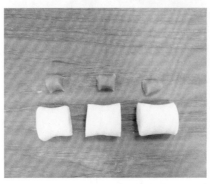

◉ 图 5-7-1-3　下剂

◉ 图 5-7-1-4　上馅

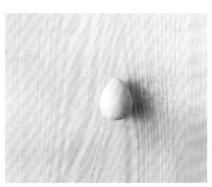

◉ 图 5-7-1-5　搓成圆球形

◉ 图 5-7-1-6　搓成熊猫的眼睛

◉ 图 5-7-1-7　搓成熊猫的
耳朵

◉ 图 5-7-1-8　把眼睛、耳朵
和嘴巴拼接在白色面团上

◉ 图 5-7-1-9　搓出熊猫的
四肢

◉ 图 5-7-1-10　制成生坯

◉ 图 5-7-1-11　上笼蒸制

◉ 图 5-7-1-12　成品

**（四）操作要求**

（1）熊猫形态要生动逼真，通过头、颈的不同角度和姿态制作形态各异的象形熊猫。

（2）象形熊猫的眼睛也可用黑芝麻制作。

**（五）质量标准**

形象生动逼真、大小均匀、透明适中、爽滑味鲜。

## 实例 2 ┄┄┄┄ 绿茵小鸡

**（一）用料**

澄粉 100 g，生粉 10 g，精盐 2 g，开水 150 g，虾肉 80 g，肥膘肉 25 g，冬笋 25 g，猪油 10 g，味精 2 g，绵白糖 2.5 g，芝麻油 2.5 g，胡椒粉 0.5 g，油菜 50 g，色拉油 250 g，红色、黄色食用色素少许。

**（二）流程**

烫面→制馅→调色→下剂→包馅→成形→装饰→成熟→装盘

**（三）制作方法**

（1）将油菜切丝，锅中倒入色拉油，用小火将菜丝炸成菜松备用。

（2）虾肉洗净，用洁净的布挤干水分，放在砧板上用刀剁成泥状放入盒内，肥膘肉、冬笋均切成细丝，用开水烫一下，放入冷水中过凉，用布挤干水分。先在剁好的虾泥中放入1 g 精盐搅拌均匀、上劲，再将肥膘肉丝、冬笋丝、味精、芝麻油、胡椒粉、绵白糖放入搅好的虾泥内，搅拌均匀，放入冰箱备用。

（3）澄粉、生粉过筛放入盆中，拌匀，加入精盐 1 g，倒入 150 g 开水，迅速用擀面杖搅拌均匀，盖上盖焖 5 min，取出加入猪油搓匀、搓透。

（4）将澄粉面团调色成蛋黄色，搓匀搓透，再取少许澄粉面团调色成红色。

（5）搓条后摘成 12 g 小剂子，并包入 8 g 馅心，捏拢收口朝下。先捏出头部，短颈，尾部略尖，用木梳揿出尾羽，在身体两侧剪出翅膀，用木梳揿出羽毛，用红色澄粉面团做嘴，用剪刀剪出眼、腿、爪、嘴，即成小鸡生坯。

（6）将炸好的菜松均匀撒在盘内，蒸锅上火将水烧开，生坯入屉蒸 5 min 即熟。小鸡身上刷上芝麻油，码入铺好菜松的盘内即可上桌。

**（四）操作要求**

（1）澄粉要烫熟、搓透。

（2）馅心要搅拌上劲。

（3）皮层要厚薄均匀，小鸡的形态要逼真。

（4）蒸制不要过火。

（5）面坯搓揉光滑后，要盖上潮布，以免结皮。

**（五）质量标准**

口味鲜香，色泽鲜明，形象逼真。

**（六）同类产品**

（1）用拍皮可制作成虾饺。

（2）所有船点造型品种均可用澄粉面团制作。

（3）用澄粉面团还可制作花式蒸饺等。

## 实例 3 ……… 水晶饼

**（一）用料**

澄粉 300 g，猪油 50 g，白砂糖 160 g，芝麻油 10 g，豆沙馅 300 g，开水 200 g。

**（二）流程**

刷浆→烫面→摘剂→包馅→成形→蒸制→上光→成品

**（三）制作方法**

（1）先将白砂糖、澄粉用少量水调成粉浆，然后将开水冲入调好的粉浆内，边冲边用木棒搅匀，直到搅成半透明的熟面团为止。将拌好的面团倒在案板上，稍冷却后加入猪油擦匀擦透。

（2）将上述面团搓条摘剂，包入豆沙馅，收口朝上，揿入模具，用手掌揿平后，轻轻倒扣击打脱模，放在蒸笼内（蒸笼里要垫细布）。

（3）待锅中水沸腾，将蒸笼放在锅里，蒸 6 min 即可出笼，在上面刷上芝麻油，放入盘内即成。

### （四）操作要求

（1）开水烫面要烫匀烫透，搅拌要迅速。

（2）馅心要居中，面皮厚薄要均匀。

（3）蒸制时间不要过长，否则饼易烂。

### （五）质量标准

表面油亮，透明度高，形状圆正，表面花纹清晰，不露边，不露馅，软而润滑、适口。

## 实例 4 ………… 水晶虾饺

### （一）用料

澄粉 70 g，玉米淀粉 30 g，生虾仁 80 g，熟虾仁 20 g，肥膘 20 g，笋丝 20 g，猪油 10 g，清水 60 g，精盐、味精、胡椒粉、白糖、芝麻油适量。

### （二）流程

调制面团→调制馅心→下剂→上馅→成形→成熟

### （三）制作方法

（1）虾饺皮的制法。澄粉和玉米淀粉 15 g 和匀过筛，和盐一起放入盆内，将煮沸的清水立即倒入盆内，用木棒搅匀，加盖焖 5min。取出面团放在案板上擦匀，加入猪油再擦匀即成。

（2）虾饺馅的制法。① 将生虾仁洗净，用干洁布吸干虾肉的水分，一部分剁成泥，一部分切成粒。熟虾仁切粒，肥膘用开水烫至刚熟，漂冷水后切成细粒，拧干笋丝与猪油拌匀。② 将虾泥和切粒的生虾肉与玉米淀粉 15 g 拌匀，再与精盐拌打，打至起胶时，接着放进白糖、味精、芝麻油、胡椒粉、熟虾肉粒、熟肥肉粒，拌匀，放进笋丝一齐再拌匀即成。用之前先放冰箱冰冻。

（3）将面团分剂（6 g/ 个），压薄成圆形，包入馅料 10 g，捏成弯梳形。

（4）上笼用旺火蒸熟。

### （四）操作要求

（1）粉料一定要烫熟，否则面团不够滑润，既难制皮、成形，吃口也不爽滑。

（2）馅料搅拌好后应及时放进冰箱冷冻。

（3）不可蒸制时间过长，以免出现塌软、爆裂、露馅等现象。

**（五）质量标准**

（1）形状：弯梳形。

（2）色泽：白净、透明。

（3）口味：滑润、鲜美。

（4）组织：无塌软、爆裂、流汤、露馅等。

（5）规格：18 g/ 只（左右）。

（6）卫生：符合中式点心的卫生标准。

- ● 想一想

澄面制作应注意哪些问题？

- ● 做一做

1. 制作 10 种不同造型的澄面产品。

2. 制作澄面总盘 10 只（主体产品 12 件）。

## 评分标准

### （一）单项产品

| 评分项目 | 标准分 | 减分幅度 | | | | 扣分原因 | 实得分 |
|---|---|---|---|---|---|---|---|
| | | 优 | 良 | 中 | 差 | | |
| 色泽 | 15 | 1~2 | 3~5 | 6~8 | 9~14 | | |
| 形态 | 15 | 1~2 | 3~5 | 6~8 | 9~14 | | |
| 组织 | 20 | 1~3 | 4~7 | 8~10 | 11~19 | | |
| 口味 | 20 | 1~3 | 4~7 | 8~10 | 11~19 | | |
| 火候 | 15 | 1~2 | 3~5 | 6~8 | 9~14 | | |
| 现场过失 | 15 | 1~2 | 3~5 | 6~8 | 9~14 | | |

## （二）总盘产品

| 评分项目 | 标准分 | 减分幅度 | | | | 扣分原因 | 实得分 |
|---|---|---|---|---|---|---|---|
| | | 优 | 良 | 中 | 差 | | |
| 主题 | 10 | 1~2 | 3~4 | 5~6 | 7~9 | | |
| 艺术性 | 15 | 1~3 | 4~5 | 6~7 | 8~14 | | |
| 色泽 | 10 | 1~2 | 3~4 | 5~6 | 7~9 | | |
| 形态 | 15 | 1~3 | 4~5 | 6~7 | 8~14 | | |
| 组织 | 15 | 1~3 | 4~5 | 6~7 | 8~14 | | |
| 口味 | 15 | 1~3 | 4~5 | 6~7 | 8~14 | | |
| 火候 | 10 | 1~2 | 3~4 | 5~6 | 7~9 | | |
| 现场过失 | 10 | 1~2 | 3~4 | 5~6 | 7~9 | | |

# 项目六
# 各地主要名点

 **···· 项目介绍**

　　我国各地的点心小吃不尽相同，各具特色。此项目介绍北京、江苏、浙江等地的主要名点。

 **···· 学习目标**

### 终极目标

　　了解各地主要名点的历史背景。

　　熟悉各地知名的面点。

　　掌握 5 种名点的制作工艺和制作方法。

### 过程目标

　　开阔视野，提高动手能力，养成良好的操作习惯。

任 务 一

# 北京名点

## ≈ 面点工作室 ≈

### 实例 1 ……… 一品烧饼

**（一）用料**

面粉 1 000 g，白糖 300 g，糖桂花 25 g，芝麻 100 g，核桃仁 25 g，青梅 25 g，小苏打 2 g，芝麻油 25 g，花生油 2 500 g（约耗 320 g）。

**（二）制法**

（1）将面粉 300 g 放入盆中，再将烧到六至七成热的花生油 250 g 倒入面粉内搅拌，直到面粉与油脂混合均匀，呈浅黄色时取出放凉，即为油酥。

（2）将核桃仁、青梅均切成小丁，放入碗里，加入面粉 50 g、白糖、糖桂花、芝麻油一起拌成馅。另取面粉 25 g 加凉水 50 g 调成稀面糊。

（3）将小苏打放入盆中，用温水 300 g 化开后，加入余下的面粉和成面团。案板上刷花生油 5 g，将面团放在上面按揉几遍，擀成 2 cm 厚的长方形面片，再把油酥放在面片上摊平抹匀，卷成卷，揪成 40 个面剂，逐个按成圆皮，包上 10 g 馅，包口朝下放在案板上。然后刷上一层稀面糊，沾上芝麻即为烧饼生坯。

（4）锅内倒入花生油，在明火上烧到六成热时，分批下入烧饼生坯（炸时要用笊篱轻轻推动，以免芝麻粘锅煳底），每批炸 8～9 min，呈现金黄色时捞出即成。

**（三）特点**

此烧饼为扁圆形，颜色金黄，内裹油酥，外皮酥层多，馅料香甜。

### 实例 2 ……… 豌豆黄

**（一）用料**

豌豆 500 g，白糖 350 g，食用碱 1 g。

**（二）制法**

（1）将豌豆磨成碎豆瓣，筛去皮，用水洗净。将铝锅（或铜锅，不宜用铁锅，因为豌豆遇铁器易变成黑色）放在旺火上，倒入凉水 1.5 kg 烧沸，下入食用碱和碎豆瓣，再烧沸后，改用微火煮 2 h（当碎豆瓣在锅中刚煮沸时，须将浮沫撇净，这样做出的豌豆黄颜色才美观。最好不用勺搅动，以免豆沙沉底易煳）。当碎豆瓣煮成稀粥状时，下入白糖搅匀，将锅端下。取瓷盆 1 只，上面翻扣一个马尾箩，分次将豆瓣和汤舀在马尾箩上，用竹板刮擦，通过马尾箩形成小细丝，落到瓷盆中成豆泥。

（2）把豆泥倒入铝锅里，在旺火上用木板不断地搅炒，勿使其煳锅。炒时要注意掌握火候，不要炒得太嫩（水分过多），否则凝固后不易切成块；也不要炒得太老（水分过少），否则凝固后又会产生裂纹。炒时必须随时用木板捞起试验，如豆泥往下流得很慢，流下的豆沙形成一堆，逐渐地与锅中的豆泥融合（俗称"堆丝"），即可起锅。

（3）将炒好的豆泥倒在白铁模具（长 36.6 cm、宽 16.7 cm、高 2.3 cm）内摊平，用干净的白纸盖在上面（以免凝结后表面结皮裂口），并保持清洁。然后将其放在通风处晾 5～6 h，再放入冰箱内凝结后即为豌豆黄。食用时揭去白纸，将豌豆黄扣在案板上，切成小方块，摆入盘中即成。

**（三）特点**

颜色浅黄，细腻纯净，香甜凉爽，入口即化。

## 实例 3 ·········· 小窝头

**（一）用料**

细玉米面 400 g，黄豆面 100 g，白糖 250 g，糖桂花 10 g。

**（二）制法**

（1）将玉米面、黄豆面、白糖、糖桂花一起放在盆中，分次加入温水共 150 g，慢慢揉和，以使面团柔韧有劲。揉匀后，搓成直径 5～6 cm 的圆条，再揪成 100 个小面剂。

（2）在捏窝头前，右手先蘸一点凉水，擦在左手手心，以免捏时粘手，然后取 1 个面剂放在左手手心里，用右手手指揉捻直至将风干的表皮揉软，再用两手搓成圆环，仍放在左手手心里。

（3）右手食指蘸点凉水，在圆环中间钻 1 个小洞，边钻边转动手指，左手拇指指根及中指同时协同捏拢。这样，洞口由小渐大，由浅到深，并将窝头上端捏成尖形，直到面团厚度只有约 0.4 cm，且内壁和外表均光滑时，便制成小窝头。

（4）上笼用旺火蒸 10 min 即成。

**（三）特点**

颜色鲜黄，形状别致，制作精巧，细腻甜香。

実例 4 ········· **金丝卷**

**(一)用料**

发面 500 g，白糖 100 g，蛋皮丝 100 g，火腿丝 100 g，食用碱 5 g，芝麻油适量。

**(二)制法**

(1)将发面兑好食用碱 5 g，加入白糖，然后将面切成挂面粗细的面条，刷上一点芝麻油以防黏在一起。

(2)面条拉直放在案板上，加上火腿丝、蛋皮丝，轻轻拧成麻花状，用刀切成 4 cm 长的段，码入屉中蒸熟即可。

**(三)特点**

香甜松散。

# 江苏名点

任务二

≋ 面点工作室 ≋

实例 1 ········· **生煎馒头**

生煎馒头为苏州传统小吃。以往由茶馆行业经营，在门口设置炉灶，现制现售。吴俗早晨有喝茶，午、晚有洗澡习惯，有"早上水包皮，下午皮包水"之说法，顾客茶毕之余，必以生煎馒头作点。如今苏州生煎馒头的供应仍不减当年，西中市的大观楼所制尤佳。

**(一)用料**

中筋粉酵面 7 000 g，肉馅 5 500 g，葱花 150 g，熟猪油 500 g(约耗 300 g)。

**(二)制法**

(1)将酵面揉至光滑，搓成细圆长条，摘成每只 17.5 g 重的剂子，按扁，用擀面杖擀薄成银元大小，中间放肉馅，收口捏拢，顶部撒葱花，待用。

(2)将煎盘(平底锅)置于火上烧热，舀入熟猪油 150 g 润滑油锅，将馒头整齐排列放入，再舀入熟猪油 18 g，均匀地浇上，盖上锅盖用旺火煎约 5 min。去盖加清水 250 g，盖上锅盖以旺火续煎片刻再转中火煎 10 min 左右(中间应经常转动煎盘，使其受热均匀)，然后将煎盘端至倾斜，边煎边转 2 min 左右离火，去盖浇上余油 100 g，略焖一下，用狭长的铁铲铲出装盘即成（锅内余油倒出，可备下次煎时再用）。

### （三）特点

面白底黄，上松下脆，味鲜卤多，葱香油润。食时另备蛋皮汤，更增味。

## 实例 2 ·········· 三丁包子

### （一）用料

面粉 500 g，老酵 150 g，熟肥瘦猪肉 300 g，熟鸡肉 150 g，熟冬笋 100 g，猪油 25 g，酱油 15 g，精盐 1 g，白糖 10 g，味精 2.5 g，黄酒 350 g，鸡汤 350 g，虾 5 g，水菱汤 10 g，碱水 7.5 g，温水 250 g。

### （二）制法

（1）熟肥瘦猪肉、熟鸡肉均切成 0.7 cm 见方的丁，熟冬笋切成 0.5 cm 见方的丁。

（2）烧热锅放入猪油滑一下锅，然后将猪肉丁、鸡丁、笋丁同时下锅，先加入酱油稍滚一下，后加入黄酒、虾、精盐、白糖，再倾入鸡汤，用大火收浓汤汁，然后加入味精，用水菱汤勾芡推匀，即成三丁馅心。

（3）将面粉倒入缸内，中间扒一个小窝，加入老酵，用温水拌和（冬季气候干燥，可增加 3% 的水）。水应分三次加入：第一次加 60%，大部分拌匀；第二次加 20%，再搅拌均匀；第三次加 20%，用劲撮透揉匀成团，一直揉到面、手、缸"三光"为止，用布盖好，以防面团表面吹干发硬（春秋季盖薄被，冬季盖厚被）。待膨发后，将发面取出放在案板上，中间挖一个凹窝，加入碱水，再用手撮透揉匀，一直揉到没有黄斑点为止。然后将发面搓成长条，用手摘成每只 37.5 g 重的剂子（共 24 个），待用。

（4）将剂子用手逐只按成直径 6 cm、四周薄、中间稍厚的圆形面皮，放在左手掌心，右手用竹刮子将三丁馅心 35 g 刮入面皮中心，左手端平，右手用拇指、食指、中指捏住面皮边沿，从右至左捏拢，收口的褶纹要捏得粗细均匀，一般是 28 个褶纹。

（5）将包好的包子摆在笼内，上锅蒸 10 min 左右（蒸时水要开，火要旺，气要足），至包子口上湿润、卤汁外溢、手揿包子不粘手而有弹性时即可。

### （三）特点

馅多松散，味浓不腻，甜咸可口。

## 实例 3 ………… 藕粉饺

**（一）用料**

藕粉 500 g，粳米粉 1 250 g，白砂糖 250 g，芝麻油 50 g，糖玫瑰 10 g，猪油馅 300 g，糯米粉 125 g。

**（二）制法**

（1）将藕粉置于盆中，用水浸没，待沉淀后，倒入垫有容器的铁丝网眼筛中，用手反复揉擦两次至成糊状。然后将糯米粉、粳米粉、白砂糖倒入藕粉糊中，拌匀。

（2）将炒锅置于火上烧热，放入芝麻油，将锅润滑后，将油烧至五成热，倒入搅拌均匀的藕粉糊，用铲刀不断搅和至水分略干，离火起锅倒在案板上，待稍凉后用手按揉光滑成藕粉团。再摘成每只重 10 g 左右的饺坯，用擀面杖擀成边缘薄中间略厚、似小碟状的饺子皮，放入糖玫瑰和猪油馅（或荤油豆沙），对折沿边缘捏出褶纹成饺子，上笼旺火沸水蒸 3～4 min 即成。

**（三）特点**

入口爽滑，香甜细腻，富有营养，堪称佳点。

## 实例 4 ………… 条头糕

**（一）用料**

糯米 4 000 g，白砂糖 2 500 g，素油少量，粳米 1 000 g，桂花 200 g。

**（二）制法**

（1）预先把米磨成粉，与白砂糖用少量的水拌匀后放置一夜。

（2）次日清晨用圆形木蒸桶盛装，放在锅上利用蒸汽隔水蒸熟。

（3）取出倒在案板上，用手（包着布）或木棍揿和揉透，切成小块，然后搓成条状，再在表面放上一薄层桂花，即成香甜可口柔软的桂花条头糕。

**（三）特点**

玉白色的糕上布满金黄色的鲜桂花，香甜糯软。

## 实例 5 ·········· 黄桥烧饼

**（一）用料**

面粉 8 500 g，白芝麻 1 000 g，熟猪油 1 000 g，酵头 200 g，碱水 150 g，饴糖 250 g，豆沙馅 1 500 g。

**（二）制法**

（1）面粉 2 000 g 加入熟猪油 1 000 g，用掌根擦匀擦透成干油酥面团。

（2）面粉 5 000 g，加入冷水 900 g 和沸水 1 700 g 拌成雪花状，揉成面团，再分成小块散热至温热时，合起揉至面团表面光滑。加入酵头 200 g，用双拳在面团各处搋捣，折叠，再搋捣，反复 7 次，搋揉后盖上小薄棉被发酵。第二天临用前，用 1 500 g 面粉加上水（比例同前）揉匀后再与前一天发酵的面团一起揉匀，并分次倒入 150 g 碱水，加至碱正好为止。

（3）按每 500 g 面粉制 20 个烧饼的规格摘成面剂，用手掌压扁，每只面剂包入干油酥 15 g，擀成长约 24 cm 的长条，对折，再擀成长约 24 cm 的长条，卷起后按扁，包入约 7.5 g 豆沙馅，擀成圆饼状，收口朝下，表面涂上一层糖稀（饴糖兑少量水制成），撒上白芝麻，在饼底略抹水贴入炉内烤制，待饼面呈黄色时即成。

如用其他馅心，制法如下：

① 蟹黄。将 1 500 g 熟猪油熬热，放入蟹肉、蟹黄 1 000 g，熬至油呈橘黄色时起锅，冷却待用。

② 葱油。猪板油撕去皮膜，加精盐、葱末压成泥状。

③ 葱油渣。葱油馅内加入剁成细末状的猪油渣。

④ 水晶。猪板油撕去皮膜，切成小拇指指甲盖大小的丁状，每 500 g 板油丁加白糖 300 g 拌匀，腌 2 天即成。

⑤ 干菜。霉干菜泡洗干净，挤干水分后切碎，加白糖 150 g、猪油 250 g、精盐 1 g 炒匀即成。

⑥ 肉松。肉馅 250 g、咸猪油丁 500 g、葱末少许拌匀即成。

**（三）特点**

饼色嫩黄，层层饼酥一触即落，入口松酥不腻。馅心有多种，如豆沙、水晶、蟹黄、虾仁、火腿、干菜、肉松、五仁等，味道鲜美，闻名于苏北、沪宁等地。

## 任务 三

# 浙江名点

≈ **面点工作室** ≈

### 实例 1 ········· 玫瑰豆沙春卷

春卷是很受欢迎的应时小吃，为家家户户逢年过节必食的风味点心之一。千百年来，春卷不仅传遍大江南北，闻名全国，近年来更是席卷欧美各国，成为驰名海外的名点。

**（一）用料**

（1）主料：春卷皮 20 张，玫瑰豆沙 400 g。

（2）辅料：食用油 1 500 g。

**（二）制法**

（1）春卷皮平摊于案板上，包入 20 g 搓成长圆形的豆沙，先折起一边的面皮，再折两端，最后顺卷成长 8 cm、宽 3 cm 的长圆卷形生坯。

（2）油烧至七成热时，投入春卷生坯入锅煎炸，并用竹筷不断将春卷翻动，炸至春卷皮鼓起，外部酥脆，色泽金黄时，出锅沥油即成。

**（三）特点**

色泽金黄，松脆鲜嫩。

**（四）注意事项**

（1）若内包肉丝，则为"肉丝春卷"，内包豆沙就为"豆沙春卷"。

（2）油炸时先将搭头用筷子夹住稍炸，以便定形，防止内馅流出，也可以用面糊黏住，以免炸时松散。

### 实例 2 ········· 炒年糕

年糕，谐音"年高"，又称"年年高"，是每逢春节各家各户都要品尝的大众节令小吃。年糕适宜煎、炸、炒、煮，合家团聚吃年糕，称为一年到头"高高兴兴"。"雪花儿飘飘，肉丝炒年糕"是杭州人春节前后的一道典型小吃。

**（一）用料**

（1）主料：年糕 250 g。

（2）辅料：韭芽 50 g，猪腿肉 75 g，猪油 50 g，冬笋 50 g，酱油、黄酒、精盐、味精少许。

**（二）制法**

（1）猪腿肉洗净切丝，韭芽洗净后切成长 3.3 cm 的段，冬笋切丝。

（2）年糕过沸水，沥干备用。

（3）将炒锅置于旺火上，加猪油烧热，下入肉丝、冬笋丝煸炒，加入酱油、黄酒、精盐、味精稍炒后拌入年糕，成熟起锅前加入韭芽，拌炒均匀即可盛出装盘。

**（三）特点**

清香肥鲜、油润爽滑。

**（四）注意事项**

（1）年糕也可以油炸成嫩黄色后拌入肉丝。

（2）韭芽要在最后放入，以保持脆嫩。

# 实例 3 ·········· 桂花元宵

每年农历正月十五是我国传统的元宵佳节。元宵节吃"圆子"，应该说跟我国传统民俗中的祈福求吉意蕴相符。元宵佳节合家欢聚吃"元宵"，正是合家团聚"团团圆圆"之民俗寓意。

**（一）用料**

（1）主料：糯米粉 500 g。

（2）辅料：绵白糖 250 g，糖桂花少许。

**（二）制法**

（1）糯米粉过筛。

（2）取少许细糯米粉撒放在竹匾中，用竹刷帚淋少许清水入匾，将匾中米粉先摇成绿豆大小的粉粒，再边撒清水，边晃动竹匾，如此反复多次，直至将竹匾中的糯米粉摇晃成珍珠大小的圆子时，即倒入大眼丝筛中过筛。

（3）把筛中稍大的圆子取出盛盘，筛中稍小的圆子再放入竹匾，继续制作。

（4）制成的元宵生坯放入沸水锅中煮 3 min，待元宵全部浮于水面时，加入清水再煮沸，即可连汤倒出，倒入加有绵白糖和糖桂花的碗内即成。

**（三）特点**

形似珍珠，色白如玉，香甜软糯，柔醇适口。

**（四）注意事项**

（1）向竹匾中淋清水要适量，水太多不利于元宵成形。

（2）煮元宵的水不可太少，以免汤水混浊。

## 实例 4 ·········· 杭州麻心汤团

麻心汤团以芝麻为馅心，是杭州传统名点。

**（一）用料**

（1）主料：水磨糯米粉 150 g，熟芝麻 150 g。

（2）辅料：猪板油 100 g，糖桂花 30 g，白糖 45 g。

**（二）制法**

（1）将熟芝麻磨成酱，加猪板油、白糖、糖桂花拌和成馅心。

（2）取 1/10 的水磨糯米粉上笼蒸熟，将其揉入剩下的水磨糯米粉中，加水揉成粉团。将粉团揉透，搓长后摘成大小相等的剂子，剂子揿扁，捏成酒盅形，包入芝麻馅心，收口搓圆成生坯。

（3）生坯下入沸水中（用勺沿锅底推动，以防止粘锅），煮至汤团浮出水面时加适量凉水，保持微沸焖煮 2 min 出锅装碗，撒上少许糖桂花即成。

**（三）特点**

味香甜，馅油润，皮绵糯。

**（四）注意事项**

（1）馅心的软硬度要适中。

（2）芝麻要漂洗干净后炒熟再磨成酱。

## 实例 5 ·········· 宁波猪油汤团

宁波最负盛名的小吃当数"宁波猪油汤团"，汤团皮薄能透见馅心，糯不黏齿，油润香甜。

**（一）用料**

（1）主料：水磨糯米粉 200 g，猪板油 150 g。

（2）辅料：黑芝麻100 g，绵白糖65 g，糖桂花40 g。

**（二）制法**

（1）黑芝麻用清水漂洗干净，沥干后炒熟，碾磨成粉。

（2）猪板油剔除筋膜，切末斩碎，放入盆中加绵白糖、黑芝麻粉拌匀揉透，搓成猪油芝麻馅心。

（3）水磨糯米粉加水拌和揉搓成光洁的粉团，摘成剂子，揿扁，捏成酒盅形，放入馅心，收口搓圆成生坯。

（4）生坯下入沸水中煮3 min，汤团浮起时掺入少量凉水，待馅心成熟，汤团表皮呈玉色、有光泽时，即可连汤舀入碗中，加入绵白糖，撒上桂花即可。

**（三）特点**

皮薄馅多，色泽光亮，香甜味美，油而不腻。

# 实例 6 ·········· 温州豆沙汤团

温州豆沙汤团洁白糯韧，汤清味香，甜美可口，历史悠久。

**（一）用料**

（1）主料：糯米200 g，红小豆40 g，猪肥膘肉50 g。

（2）辅料：白糖35 g，桂花15 g，饴糖20 g，熟猪油25 g。

**（二）制法**

（1）净红小豆入锅，用中火烧煮1 h，至豆酥烂，用漏勺捞出放入竹箩内（原汤留在锅内），以手揉搓，同时加少许清水，使搓下的豆沙浆流入竹箩下的布袋中，扎紧袋口，挤压去除水分成干豆沙。

（2）将干豆沙倒入原煮豆锅内的汤中，加白糖、熟猪油，先用中火，后用小火将豆沙炒成黏糊状，加入切成丁的猪肥膘肉、饴糖和桂花，略炒拌，待豆糊冷却后捏成圆形馅心。

（3）净糯米浸于清水中泡3天（每天换水1次），捞出冲洗后加水磨成细粉。装入布袋内，挤压干后成水磨糯米粉。

（4）将水磨糯米粉置于盆中，加水揉成面团，摘成剂子，揿扁，包入馅心，收口搓圆成生坯。

（5）汤锅烧沸，下入汤团生坯，煮5 min后，至汤团浮出水面，加少许冷水，再煮5 min，即可出锅。装入放有白糖的碗中，撒上桂花即成。

**（三）特点**

汤团纯白细韧，香甜美味。

（四）注意事项

（1）煮豆沙时要煮烂，不要生心。

（2）煮汤团时要转动水面，以防汤团煳底。

## 实例 7 ·········· 撑腰糕

在农忙伊始的早春二月，江南一带历来有"二月二，吃撑腰糕"的传统习俗。在古代诗句中，曾生动地记述了"二月二日春正饶，撑腰相劝啖花糕。支持柴米凭身健，莫惜终年筋骨劳"的情景。

**（一）用料**

（1）主料：糯米年糕 250 g。

（2）辅料：砂糖 50 g，食用油 500 g。

**（二）制法**

（1）将糯米年糕切成薄片。

（2）将年糕片放在油锅内煎成嫩黄色。

（3）将砂糖溶于 50 g 水中，倒入煎好的年糕，略煮 1 min，出锅装盘。

**（三）特点**

油香甜美，外脆内糯。

## 实例 8 ·········· 酒酿百果圆子

**（一）用料**

（1）主料：精白糯米粉 500 g，面粉 25 g，酒酿 10 g。

（2）辅料：红枣 300 g，核桃仁 25 g，绵白糖 50 g，松子仁、饴糖、咸玫瑰、桂花少许。

**（二）制法**

（1）将面粉烘熟，过筛后拌入枣泥（红枣去核切细，碾成泥）、松子仁、核桃仁（切成细粒）、绵白糖 25 g、饴糖、咸玫瑰，加适量清水拌匀，揉搓成圆粒状的百果馅心。

（2）将糯米粉倒入竹匾上，放入百果馅心圆粒，洒入适量清水来回滚动，使馅心裹满糯米粉，反复多次，直至馅心滚圆成百果圆子生坯。

（3）碗内放入酒酿 10 g、绵白糖 25 g、桂花少许。生坯沸水下锅，待圆子煮熟浮于水面，稍漾后，连汤舀入碗内（每碗约 10 个）。

**（三）特点**

细腻甜糯，汤清果香，酒香诱人。

**（四）注意事项**

（1）馅心的软硬度要适中。

（2）水沸后改用中火，生坯沸水下锅。

（3）注意随时转动水面，以免圆子煳底，粘连露馅。

## 实例 9 ·········· 清明艾饺

"清明"是我国岁时节令之一，历来是一个隆重的大节，清明时节除踏青、插柳等传统活动外，最主要的则是清明祭祖、追思祖先、拜扫坟墓，而祭祖活动中必不可少的供品"艾饺"与"青团"，则是苏浙沪地区历史悠久的传统节令食品。

**（一）用料**

（1）主料：糯米粉 200 g，粳米粉 300 g，鲜嫩艾叶 50 g。

（2）辅料：绵白糖 150 g，碱水 30 g，芝麻 50 g。

**（二）制法**

（1）炒锅置于小火上，将芝麻漂洗干净，沥干炒熟，碾压成麻屑，并加绵白糖拌和成芝麻馅。

（2）炒锅中加冷水，置于旺火烧沸，加入一半碱水，煮至再沸时，将艾叶放入煮透（开盖煮约 5 min）。将艾叶起锅置于竹箩内，用清水冲洗过凉，待用。

（3）粳米粉放入缸中，冲入沸水，用木棒搅匀成厚糊状。

（4）艾叶放在盆中，加入糯米粉、余下的碱水拌匀，再加入粳米粉糊，揉匀搓透成粉块。

（5）案板上撒少许燥糯米粉，将粉块放于燥粉上，搓成直径 5 cm 的长条后，摘成剂子，揿扁成扁圆形粉坯，排入芝麻馅，收口成三角形，沿边捏出绞绳状花边，即成艾饺生坯。将生坯放入笼屉，以旺火蒸煮 15 min，改中火焖煮 5 min 即成。

**（三）特点**

饺色翠绿，口味清香，为独具风味的清明时令小吃。

**（四）注意事项**

（1）馅心的软硬度要适中。

（2）芝麻要漂洗干净。

（3）煮艾叶时不能加盖，以防艾叶变黄。

# 实例 10 ·········· 青团

**（一）用料**

（1）主料：糯米粉 500 g，豆沙馅 250 g，青麦苗 250 g。

（2）辅料：素油、芝麻油少许石灰水适量。

**（二）制法**

（1）青麦苗去除杂质，洗净，置于捣臼内捣烂，过筛取其汁，加适量石灰水，使劲搅拌成漩涡状，待其沉淀后，倒入碗中成青汁。

（2）糯米粉置于案板上，中间扒开一个窝，加入沸水、青汁，揉拌均匀，搓透至粉团光滑不黏、色泽均匀时，搓成长条摘成小剂子。

（3）将剂子揿扁，包入豆沙馅，收口捏拢，搓成球状，成青团生坯。

（4）生坯放入垫有湿布的笼屉内，以沸水旺火蒸煮 15 min，见青团表面鼓起，转色，至青团熟后将笼端起，倒于抹过素油的方盘中，再在青团上抹些芝麻油即成。

**（三）特点**

色泽翠绿，清香甜润。

**（四）注意事项**

（1）糯米粉与青汁要揉搓均匀。

（2）也可将青汁与米粉拌均匀，用旺火蒸熟后再包馅成形。

# 实例 11 ·········· 荠菜家常饼

**（一）用料**

（1）主料：面粉 500 g，荠菜 1 250 g。

（2）辅料：味精、虾米、精盐、花生油、葱姜末适量。

**（二）制法**

（1）将荠菜用沸水烫过，挤干水分，切成末备用。

（2）虾米切末，与精盐、味精、葱姜末一起倒入荠菜盆中，加花生油拌匀成馅。

（3）面粉加清水调制成面团。

（4）将面团搓长，摘成 20 只剂子，揿扁包入馅心，再捏拢收口成生坯。

（5）平底锅用花生油刷内壁，置于小火上烧热，将生坯擀成扁圆形，逐个放入锅内，煎烤至呈淡黄色时，再翻面煎烤至双面嫩黄，饼馅熟时出锅装盘。

**（三）特点**

皮薄香嫩，菜馅鲜美。

**（四）注意事项**

（1）荠菜的水分一定要挤干。

（2）面团调制得要略软些。

（3）如将荠菜改用马兰头，即成马兰头家常饼。

## 实例 12 ·········· 葱包桧儿

春节前后，杭州地区供应此品已有八百多年的历史，传说杭州人民为了纪念民族英雄岳飞，表示对奸臣秦桧的鄙视和憎恨，将面粉制成条放入油锅里炸，"葱包桧儿"寓意将油炸桧（油条）包起来再烤。

**（一）用料**

（1）主料：春饼3张，油条1根。

（2）辅料：小葱段2根，甜面酱10 g。

**（二）制法**

（1）平锅置于中火上，将小葱段在平锅上烤煸至略泛黄，再将油条对折置于平锅按扁，烤至略脆。

（2）取春饼3张，边与边接叠成椭圆形，抹上甜面酱，放入烤好的葱段和油条，卷成筒状，再放于平锅内撤压，烤至春饼呈金黄色，上面抹一层甜面酱即成。

**（三）特点**

色泽金黄，甜香可口。

**（四）注意事项**

（1）甜面酱应略稀。

（2）也可在春饼表面涂上辣酱，味道更好。

## 实例 13 ·········· 西湖糯米藕

西湖糯米藕历史悠久，制品采用杭州特产西湖老藕和优质糯米，经独特方法烹煮而成，是杭州盛夏初秋的传统风味小吃。

**（一）用料**

（1）主料：西湖老藕 500 g，优质糯米 100 g。

（2）辅料：白糖 60 g，食用碱 5 g。

**（二）制法**

（1）藕去节刨皮，洗净晾干，糯米淘洗晾干。

（2）将藕的一端细孔闭塞，从另一端将糯米灌入藕孔内，用竹扦将糯米塞实后竖放在锅内蒸架上，加水、食用碱，表面盖上荷叶，用旺火蒸煮约 5 h。

（3）用一块大于锅盖的细麻布覆于藕上，四角拖挂于锅外，将糯米倒在布上，加锅盖，将布角翻搭在锅盖上，防止糯米从布中漏出，用旺火煮至米粒化后加白糖，再烧煮 2 h，到粥呈稠浓时即可。

**（三）特点**

藕香粥稠，荷香扑鼻，藕色赭红，吃口甜糯。

**（四）注意事项**

（1）现吃现取，注意保温，以防止藕变色。

（2）藕切片装盘，粥盛于碗中。

# 实例 14 ·········· 猫耳朵

猫耳朵是杭州知味馆的名点之一。该点用料讲究，形如猫耳，与诸多鲜美配料同煮于一锅，汤清色白，食之柔软劲道，鲜美异常，回味无穷。

**（一）用料**

（1）主料：精白面粉 260 g，熟瘦火腿 20 g，熟鸡脯肉 10 g，熟干贝 150 g，浆虾仁 20 g。

（2）辅料：水发香菇 15 g，蒜末 2 g，笋丁 10 g，葱姜末 2 g，黄酒 3 g，味精 2 g，鸡清汤 50 g，熟猪油 10 g。

**（二）制法**

（1）面粉加水和成水调面坯，分块搓成 8 mm 粗的长条，切成 7 mm 见方的丁，放在燥粉中稍拌，用拇指将面丁揿在案板上，向前推捏成极小的猫耳朵形，放入沸水中余约 10 s 后捞出，用冷水冲一遍后沥干，备用。

（2）浆虾仁用猪油滑过，熟干贝放入碗中，加水、黄酒、葱姜末，入笼屉蒸熟后，与熟鸡肉、熟瘦火腿、香菇同切成小薄片备用。

（3）炒锅加鸡清汤，汤沸后放入虾仁、干贝、鸡肉、火腿、香菇、笋丁。汤再沸后撇去浮沫，下入猫耳朵，烧煮 30 s。待猫耳朵浮起时，再撇去浮沫，并加入盐、味精即可出锅盛碗，撒上蒜末，淋上猪油即成。

### （三）特点

形如猫耳，汤鲜味美，配料多样，选料精细，制法讲究。

## 实例 15 ·········· 冰糖莲子

### （一）用料

（1）主料：干莲子 250 g，冰糖 250 g。

（2）辅料：食用碱 50 g。

### （二）制法

（1）干莲子漂净入锅，加食用碱、清水 1 000 g，旺火煮沸。边煮边用竹笼帚刷去莲子外皮，再换用清水反复漂洗数次，捞出入盆。

（2）将盆中莲子切去两头，捅去莲心，洗净后放入锅内。加入适量清水，先用旺火烧开后，再改用文火焖煮至八成酥时，加入冰糖，继续炖至莲子酥烂，连汤捞出装碗即成。

（3）如逢夏令季节，则可将炖烂的莲子连汤冷却后放入冰箱冷冻。食用时再加入各种新鲜水果（如菠萝、草莓、樱桃），制成水果莲子冻，其味独特。

### （三）特点

香甜美味。

## 实例 16 ·········· 桂花赤豆汤

### （一）用料

（1）主料：赤豆 500 g。

（2）辅料：白糖 500 g，桂花 50 g。

### （二）制法

（1）将赤豆洗净，浸涨。

（2）赤豆放入锅内，加水 2 000 g 烧煮 10 min 后，改用小火焖煮 4 h，待豆酥透后加白糖，撒入桂花调和而成。冷却后放进冰箱冷藏即成冰冻赤豆汤。

## （三）特点

赤豆酥烂，桂花味香，甜而适口。

# 实例17 ………… 绿豆汤

## （一）用料

（1）主料：绿豆250 g，糯米100 g，绵白糖250 g。

（2）辅料：蜜枣、芡实、莲子、红瓜少许。

## （二）制法

（1）绿豆淘洗干净，下入沸水锅中煮20 min捞出，用凉水冲洗后，用手搓去豆皮，漂清沥干，放入蒸笼内（蒸笼内垫净布一块），以旺火沸水蒸酥取出，凉透待用。

（2）糯米放入冷水中浸泡6 h，取出放入笼屉，蒸熟取出凉透待用。

（3）莲子去心，煮酥，凉透待用。

（4）蜜枣去皮去核，切成两半；芡实洗净煮熟；红瓜切末。

（5）将去皮绿豆、糯米饭、绵白糖、各类果料，均匀分成10碗。食用时冲入沸水即成热饮，冲入冰水即成冰冻绿豆汤。

## （三）特点

果味芬芳，凉甜爽口。

# 实例18 ………… 枇杷羹

## （一）用料

（1）主料：鲜枇杷500 g，冰糖300 g。

（2）辅料：白矾50 g。

## （二）制法

（1）鲜枇杷冲洗干净，去蒂、皮、核、白膜，放入白矾水（白矾溶于少量水中）中浸泡2 h，冲净沥干。

（2）冰糖加适量清水入锅熬化成糖汁，滤去杂质。

（3）锅内放清水，倒入枇杷、糖汁，略煮即成。

## （三）特点

果味鲜香，止咳化痰。

**（四）注意事项**

用同样的方法还可以制作各式各样的水果羹。

## 实例 19 ·········· 南瓜饼

**（一）用料**

（1）主料：老南瓜 1 000 g，面粉 500 g。

（2）辅料：绵白糖 100 g，素油 250 g。

**（二）制法**

（1）南瓜去皮、籽，切成小块，加清水 250 g 煮至烂熟。

（2）将晾凉后的熟南瓜加入绵白糖、面粉，搅拌成南瓜糊。

（3）每次舀南瓜糊少许，放入涂抹有素油的平底锅中，以小火煎熟，装盘即成。

**（三）特点**

色泽红艳，清香可口。

**（四）注意事项**

（1）如采用糯米粉搅拌成面坯，切成小剂，揿扁在平底锅内双面煎黄，即成糯米南瓜饼。

（2）用同样的方法，还可制作土豆饼、芋艿饼、栗子饼。

（3）若在以上各式饼中包入不同馅料，别具风味。

## 实例 20 ·········· 萝卜糕

**（一）用料**

（1）主料：糯米粉 500 g，白萝卜 500 g。

（2）辅料：熟猪油 50 g，猪腊肉 150 g，熟芝麻、白糖、精盐、味精、素油少许。

**（二）制法**

（1）白萝卜刨成丝，沥干水分。

（2）猪腊肉切成小丁，糯米粉调匀成米糊浆。

（3）炒锅烧热，放入熟猪油至七成热时，加入腊肉丁、萝卜丝煸炒，再加入白糖、精盐、味精，炒拌后，倒入米糊浆拌匀。

（4）取一个搪瓷方盘，底壁涂抹一层素油，把拌匀的米糊浆倒入盘中，放入笼屉以旺火蒸煮 30 min，至糕熟出笼，撒上熟芝麻，即成萝卜糕。

（5）糕晾凉后，切成方块，放入油锅煎至两面呈金黄色，即成油炸萝卜糕。

**（三）特点**

外焦里软，色泽金黄，风味独特。

**（四）注意事项**

用同样的方法还可制作藕丝糕、荸荠糕、青麦糕等。

# 实例 21 ·········· 油墩儿

油墩儿是杭州大众化食品，与葱包桧儿一样，遍及街头小巷，经济实惠，价廉物美，广受大众欢迎。

**（一）用料**

（1）主料：精白面粉 250 g，倒笃菜 200 g，胡萝卜 100 g。

（2）辅料：味精 3 g，盐 2 g，炸油 1 000 g。

**（二）制法**

（1）胡萝卜洗净、刨丝，加精盐腌透，挤干水分。

（2）倒笃菜切成细末与萝卜丝拌匀，加入盐、味精拌匀成馅。

（3）面粉加水搅拌成糊。

（4）将白铁皮圆形模具（上口直径约 6 cm，底直径约 5 cm，高约 3 cm）放入油锅稍热，取出沥干油后舀入面糊，待模具壁挂满面糊后，将流动的面糊倒入面桶，中间放入馅料，高约 2.5 cm，上面再用面糊覆盖，即入锅油炸。待表面面糊结壳后，将圆形模具脱出，将油墩儿炸至上下金黄，沥干油后装盘。此点宜趁热食用。

**（三）特点**

外脆内鲜，清新爽口。

**（四）注意事项**

（1）面糊要稍稀一些，具有流动性。

（2）底面的面糊要薄，覆盖模具壁即可。

# 实例 22 ·········· 杭州小馄饨

小馄饨是杭州的传统风味小吃。

**（一）用料**

（1）主料：馄饨皮 250 g，猪腿肉 130 g。

（2）辅料：鸡蛋 1 个，紫菜、榨菜、葱、精盐、味精、熟猪油、虾米适量。

**（二）制法**

（1）榨菜、葱切成末，紫菜撕碎，鸡蛋打散入锅，摊成蛋皮再切成丝。

（2）猪腿肉洗净剁成肉糜，加味精、精盐搅拌上劲后，加葱末拌匀成馅。

（3）馄饨皮包入肉馅，捏拢收口成馄饨生坯（松散状）。

（4）碗中放入虾米、紫菜、榨菜、蛋皮丝、葱末、味精、精盐、熟猪油，冲入沸水。

（5）生坯下入沸水锅，待馄饨全部浮于水面时，即捞入调味碗中。

**（三）特点**

皮薄馅鲜，汤清爽口。

**（四）注意事项**

（1）馄饨皮要薄。

（2）成形时不要包得太紧。

## 实例 23 ·········· 油煎苔菜饼

**（一）用料**

（1）主料：面粉 750 g，苔菜粉 20 g。

（2）辅料：白糖 300 g，糖桂花 25 g，熟猪油 1 500 g。

**（二）制法**

（1）面粉 175 g 加白糖、苔菜粉、糖桂花、熟猪油 150 g 拌匀，制成苔菜馅心，分成 25 份。

（2）将面粉 400 g、熟猪油 150 g 揉搓成油酥。再将面粉 175 g 加清水 90 g 拌匀，揉透后包入油酥，折叠 3 层再擀薄，卷成长条，分切成 25 个剂子，分别包入馅心，收口后揿成厚 2 cm 的扁圆形生坯。

（3）平底锅中加入熟猪油，将生坯两面煎脆即成。

**（三）特点**

层次分明，松脆油润，苔菜香味浓郁，宜趁热食用。

## 实例 24 ·········· 荷叶饭

**（一）用料**

（1）主料：粳米 500 g，猪油 100 g，猪腿肉 250 g。

（2）辅料：淀粉、精盐、黄酒、胡椒粉少许，荷叶 2 张。

**（二）制法**

（1）将粳米淘净置于钵中，加入猪油、清水适量，放入笼屉用旺火蒸熟，取出摊凉，放入精盐、胡椒粉拌匀。

（2）猪腿肉洗净、切丁，倒入油锅中煎炒，加精盐、黄酒炒熟，用淀粉勾芡成馅。

（3）将馅料掺入米饭中拌和，倒在干净的荷叶上，包成包袱状，放入笼屉以旺火蒸煮 5 min，待米饭熟透后取出，揭开外包的荷叶食用。

**（三）特点**

荷香扑鼻，鲜美可口。

## 实例 25 ·········· 豆腐圆子

以豆腐包入馅心的"豆腐圆子"是浙江台州地区颇具地方特色的传统风味小吃。该小吃色白汤清，滑嫩爽口，味道相当鲜美。

**（一）用料**

（1）主料：精白面粉 50 g、老豆腐 150 g、猪腿肉末 200 g、香菇 20 g、净笋 25 g。

（2）辅料：葱花 5 g、精盐 3 g、味精 2 g、黄酒 2 g、芝麻油 5 g。

**（二）制法**

（1）将浸发的香菇去蒂、洗净，与笋一同切末，放入猪腿肉末中，加入精盐、黄酒、味精拌匀，分份捏成馅心。

（2）老豆腐置于盆内，加入精盐、黄酒、味精拌匀，分份包入馅心，再滚粘上一层面粉即成豆腐圆子生坯。

（3）炒锅置于中火上，加水烧至 80℃（水面冒小泡），生坯下锅余 20 min，待圆子浮于水面时，用漏勺捞起盛于洁净的大盆内，再从锅内盛出原汤一碗，加入精盐、味精、葱花、芝麻油，将汤浇入盛放圆子的盆内即成。

**（三）特点**

色白汤清，滑嫩爽口，鲜美入味。

## 实例 26 ········· 鸡肉线粉

鸡肉线粉是浙江著名风味小吃，至今已有 500 余年历史。原由浙江湖州一名串街走巷，小名"毛狗"的小贩首创，故又称"毛狗线粉"，有鸡肉、猪肉、猪杂碎线粉等诸多品种。该线粉选用纯绿豆制成的粗粉丝，质地滑韧，烹制考究。

**（一）用料**

（1）主料：干粗粉丝 100 g，鸡肉 15 g。

（2）辅料：鸡清汤 15 g，熟猪油，味精 2 g，精盐 4 g。

**（二）制法**

（1）洗净粉丝，先用凉水浸泡至变软，放入锅内凉水浸没，用旺火烧沸 5 min 后捞出，浸泡在凉水内 2 h，再次倒入锅内，加水烧煮 30 min 至熟。

（2）碗内放熟猪油、精盐、味精，将熟粉丝盛入，再加鸡清汤、鸡肉即成。

**（三）特点**

肉香嫩，汤香醇，粉丝柔滑可口。

**（四）注意事项**

用同样方法可制作牛肉粉丝、猪肉粉丝、榨菜粉丝、榨菜肉末粉丝等。


## 实例 27 ········· 菜卤豆腐

菜卤豆腐是杭州传统的特色小吃。此小吃经微火炖煮，豆腐似海绵一样，吸入雪菜卤汁，口味极鲜美，经济实惠，为佐酒下饭的大众化食品。

**（一）用料**

（1）主料：老豆腐 150 g，雪菜卤 50 g。

（2）辅料：精盐 3 g，味精 2 g，蒜泥或辣酱少量。

**（二）制法**

（1）将老豆腐切成 3 cm 见方的小块。在锅内垫上竹篾，将水烧沸，加入精盐，放入豆腐以小火蒸煮至老豆腐出现蜂窝，捞出沥干水。

（2）将雪菜卤用纱布滤净，煮沸，撇去浮沫，加入煮过的老豆腐，再煮约 30 min。

（3）出锅装碗，加入味精、蒜泥或辣酱，趁热饮用。

**（三）特点**

口味鲜美独特，经济实惠。

实例 **28** ·········· **油炸臭豆腐干**

**（一）用料**

（1）主料：臭豆腐干生坯 10 块，花生油 1 000 g。

（2）辅料：辣椒酱 20 g，酱麻油 10 g。

**（二）制法**

（1）将臭豆腐干生坯洗净，放在竹箩内沥干水分或用干布擦干。

（2）油锅烧至五成热时，将生坯放入锅中炸，至臭豆腐干在油中漂起、表面发皱起泡、四面均发青发黄时，出锅即成。

（3）食用时可蘸食辣椒酱、酱麻油，趁热进食。

**（三）特点**

色泽青黄，外脆内嫩，香味奇特。

实例 **29** ·········· **嘉兴肉粽**

**（一）用料**

（1）主料：糯米 500 g，猪夹心肉 300 g。

（2）辅料：白酒 5 g，白糖 10 g，酱油 20 g，精盐 5 g，粽箬叶 250 g，水草、味精适量。

**（二）制法**

（1）将糯米置于淘箩内用清水淘净，沥干水分后放入盆内，加入白糖、精盐、酱油、味精翻拌均匀。

（2）粽箬叶放入沸水中煮后，洗净，沥干水分备用。

（3）猪夹心肉洗净，分别切成肥、瘦的长方小块，放入盆内。加入精盐、白酒、味精、少量白糖拌和，腌制入味。

（4）取大箬叶两张，毛面向下均匀叠交三分之一，竖折成漏斗状，加 1/3 高度的糯米，放入肉块（按"瘦、肥、瘦"顺序）。折角成枕头形，用水草扎紧、扎实。

（5）粽子下入沸水中（浸没粽子），先旺火后小火，煮约 4 h 即成。

**（三）特点**

米糯肉嫩，肥而不腻，糯而不烂。

**（四）注意事项**

用同样方法可制作排骨粽、鸡肉粽、豆沙粽、红枣粽、赤豆粽、白米粽等。

## 实例 30 ········· 金华米粉干

金华位于浙江省中部，历史悠久，民风淳朴。当地小吃中以米粉干较为出名，有炒粉干、汤粉干等。

**（一）用料**

（1）主料：米粉干 250 g（以东阳产的为佳）。

（2）辅料：肉丝 50 g，青菜 100 g，色拉油适量，生抽 15 g，盐 4 g，味精 3 g，老抽 2 g，蚝油 3 g，白糖 4 g。

**（二）制法**

（1）米粉干用热水浸泡至变软，捞出沥干水分，拌入生抽和色拉油。

（2）锅中放油，加入肉丝煸炒，再加入青菜（或其他时令蔬菜）煸炒至断生，加入米粉干，用小火边炒边抖，至米粉干微呈焦黄色时，加入剩余调料，炒匀即可出锅。

**（三）特点**

软韧适中，焦黄油润，时令蔬菜清爽可口。

**（四）注意事项**

（1）米粉干在热水中浸泡要适度，浸过头则粉干在炒时易糊烂，不浸透则吃时口感发硬。

（2）炒时应用筷子不断翻抖，使粉松散而均匀受热。

任 务 四

# 其他名点

≋ 面点工作室 ≋

## 实例 1 ········· 山东煎饼（山东）

**（一）用料**

小米 1 000 g，黄豆 100 g。

**（二）制法**

（1）将小米、黄豆淘洗干净，先将 500 g 小米煮到七成熟时捞出，放凉后与另 500 g 生小米和黄豆一起上磨，加水磨成米糊，盛到盆里使其稍发酸。

（2）煎饼鏊子烧热（要用煤渣烧，火要缓而均匀），左手盛一勺米糊倒在鏊子中央，右手用煎饼耙子尽快把米糊沿顺时针方向推开成圆形，这时再把摊好的面糊用力推匀，使煎饼厚薄均匀。推匀后，约 1 min 即熟。随即用刮刀顺煎饼的边缘刮起，两手提边揭起煎饼。500 g 原料约摊 10 张煎饼，最薄可摊 12 张。

**（三）特点**

饼薄如纸，呈棕黄色，松软筋道，微有酸甜香味。

## 实例 2 ·········· 荸荠糕（安徽）

**（一）用料**

荸荠 1 500 g，糖桂花 10 g，糯米粉 400 g，核桃仁 50 g，鸡蛋清 6 个，冬瓜条 20 g，白糖 300 g，青红丝 10 g。

**（二）制法**

（1）将核桃仁碾碎，冬瓜条切成米粒大小。荸荠削皮，洗净切成细丝放在盆内，加入糯米粉、核桃仁末、冬瓜条粒、白糖，并将鸡蛋清搅匀倒入，一起搅拌成糊状。

（2）在蒸笼内垫一块洁布，上面放一个木制的方框，倒入荸荠糊，撒上青红丝，盖好笼，用旺火蒸约 15 min 取出，切成小菱形装盘撒上糖桂花即成。

**（三）特点**

此糕色白，质地微脆，软而香，是沿江地区风味小吃。

## 实例 3 ·········· 八宝馒头（河南）

**（一）用料**

面粉 800 g，老酵 300 g，食用碱 30 g，核桃仁 100 g，冬瓜脯 50 g，橘饼 50 g，红枣 50 g，糖青梅 50 g，萄葡干 50 g，桂圆肉 50 g，糖马蹄 100 g，白糖 300 g，熟面粉 200 g，果味香精 2 滴。

**（二）制法**

（1）把面粉、老酵（用温水化开）放入盆内，兑清水约 400 g 掺匀，和成面团，饧 30 min，待面团发酵后兑入碱水（食用碱溶于少量水中），揉均匀。

（2）把核桃仁用温水焖一下去皮，剁成碎米粒状；糖青梅、红枣涨发后洗净，切成丝；糖马蹄切成小丁；冬瓜脯、橘饼、桂圆肉放在一起剁成米粒状；葡萄干用温水稍微浸泡一下，待其松软后一破为二（或剁碎），然后将以上原料放在一起，再放入白糖、熟面粉、果味香精掺匀，拌成八宝馅。

（3）把和好的面团搓成长条，揪成40个面剂，擀成面皮（边缘薄中间厚），包入40 g八宝馅，将口捏严，收口向下，上笼蒸熟。出笼后，在馒头顶端印上一个红色的八角形花纹即成。

**（三）特点**

此品由北宋时的"太学馒头"逐渐改制而成，风味独特，素雅大方，果味四溢，甘甜香浓。

# 实例 4 ………… 蟹壳黄（上海）

蟹壳黄属于上海名点，始创于20世纪20年代初期，以上海萝春阁和吴苑饼家烹制的蟹壳黄最为著名。它采用干油酥加发面制坯，做成扁圆形饼，饼面粘上一层芝麻，贴在炉壁上经烘烤而成。馅料有咸有甜，咸的有葱油、鲜肉、蟹粉、虾仁等，甜的有白糖、玫瑰、豆沙、枣泥等。因饼形似蟹壳，熟后色泽如蟹壳背一样深红，所以称为"蟹壳黄"。

**（一）用料**

面粉450 g，老酵100 g，猪板油250 g，白芝麻50 g，猪油110 g，生油2 g，白糖125 g，饴糖13 g，碱水10 g。

**（二）制法**

（1）制馅。猪板油撕去油皮，切成0.7 cm见方的丁，放在案板上，加入白糖拌匀，即成白糖猪油馅心。

（2）制皮。

① 发面。取面粉225 g放在盆内，加入水115 g（一般是500 g面粉加水235～280 g：夏季加水235 g，其中三成沸水、七成冷水；冬季加水280 g，其中八成沸水、二成冷水；春秋季加水250 g，其中五成沸水、五成冷水），拌和，放入老酵，揉至润滑盖好（夏季盖湿布，冬季盖被，春秋季盖干布），发酵约2 h后，见面团上有裂纹，用刀划开，面团上有无数蜂窝形小孔时，即可加入碱水，用双手揉透、揉润，直至面团外表光滑不粘手为止，即成发面。

② 干油酥。将剩下的225 g面粉放在案板上，中间扒一个窝，加入猪油拌和擦透，即成干油酥。

③ 包酥和擀皮。案板上、手上均先抹上生油（以免粘面），随即将发面先略揉一下，然后同干油酥分别搓成长条。发面用手按扁，然后将干油酥放在发面上，摊匀，摊至与发面同

样大小，折叠成三层，用擀面杖擀成长方形的薄面皮，由外向内卷拢，卷成长的圆条，摘成 20 只剂子，光滑的一面向下置于案板上，逐个用手按成中间稍厚、边沿稍薄的圆形皮子。

（3）包捏与烘制。将皮子托在左手掌心，右手持竹板挑蘸白糖猪油馅心 17.5 g，放在皮子中心，随即包拢收口捏紧，用手按成扁椭圆形的饼坯，收口向下一个个排齐在案板上。将饴糖加少许水调匀，用刷子涂在饼坯上以增加黏性，粘裹上芝麻撳牢，放入烤盘内排齐，送入 180℃ 烤炉烘约 4 min 后，即转用小火焖 2 min，见饼面呈蟹黄色时即可出炉，装盘即成。

（三）特点

色泽呈蟹黄色，松酥香甜，味甜油重。

# 参考文献

［1］ 钟志惠. 西式面点工艺与实训［M］. 3 版. 北京：科学出版社，2020.

［2］ 李天乐. 蛋糕制作工艺与实训［M］. 北京：中国轻工业出版社，2020.

［3］ 沈军. 中西点心［M］. 2 版. 北京：高等教育出版社，2012.

［4］ 张建国. 中西面点制作技艺［M］. 北京：北京师范大学出版社，2017.

［5］ 周文涌，竺明霞. 面点技艺实训精解［M］. 2 版. 北京：高等教育出版社，2022.

［6］ 陈忠明. 面点工艺学［M］. 北京：中国纺织出版社，2008.

［7］ 仇杏梅. 中式面点综合实训［M］. 重庆：重庆大学出版社，2015.